检验检测技术与生态保护

◆ 林华影 许 媛 马万征 主 编 ◆

U0222134

吉林科学技术出版社

图书在版编目（CIP）数据

检验检测技术与生态保护 / 林华影，许媛，马万征
主编 . -- 长春：吉林科学技术出版社，2022.5
ISBN 978-7-5578-9276-0

Ⅰ.①检… Ⅱ.①林… ②许… ③马… Ⅲ.①环境监
测—研究②生态环境保护—研究 Ⅳ.① X83 ② X171.4

中国版本图书馆 CIP 数据核字 (2022) 第 072700 号

检验检测技术与生态保护

主　　编　林华影　许　媛　马万征
出 版 人　宛　霞
责任编辑　李玉铃
封面设计　梁　凉
制　　版　梁　凉
幅面尺寸　170mm×240mm　　1/16
字　　数　255 千字
页　　数　240
印　　张　15
印　　数　1-1500 册
版　　次　2022 年 5 月第 1 版
印　　次　2022 年 5 月第 1 次印刷

出　　版　吉林科学技术出版社
发　　行　吉林科学技术出版社
地　　址　长春市净月区福祉大路 5788 号
邮　　编　130118
发行部电话 / 传真　0431-81629529　81629530　81629531
　　　　　　　　　　　81629532　81629533　81629534
储运部电话　0431-86059116
编辑部电话　0431-81629518
印　　刷　廊坊市印艺阁数字科技有限公司

书　　号　ISBN 978-7-5578-9276-0
定　　价　68.00 元

编委会

Preface

前　言

　　卫生理化检验技术是运用物理学、化学及物理化学的基础理论和方法，分析与人类生活质量、健康因素密切相关的物质的物理指标和所含化学物质种类和数量的一门技术性学科。通过卫生理化检验，可以阐明外界环境中各种物理、化学因素与人体健康的关系及对人体健康影响的程度，为制定保护环境、预防疾病的措施和卫生标准提供基本依据；可运用检验的结果判断检验对象与相应卫生标准符合的程度，评价各种卫生措施的效果。所以，卫生理化检验属于预防医学的范畴，是卫生学的主要研究方法之一，是开展卫生工作和环境保护工作的一项重要手段，是整个卫生检验工作的一个重要方面。

　　环境监测是环境保护工作的重要基础与有效手段。环境监测力求准确、及时、全面地反映环境质量现状及发展趋势，为环境管理、污染源控制、环境规划等提供科学依据。掌握从事环境监测的基本技能，是环境保护第一线高素质从业者必须具备的技术能力之一。

　　本书首先介绍了检验检测技术、环境监测与生态保护的基本知识；然后详细阐述了卫生理化检验相关内容；最后系统介绍了大气、废气、生物监测及现代的监测技术，以适应环境检测与污染防治的发展现状和趋势。

　　由于作者水平有限，本书可能存在疏漏和错误之处，敬请广大读者批评指正。

CONTENTS

目 录

第一章 卫生理化检验基本知识·······························1

第一节 卫生理化检验的对象与任务·······················1

第二节 卫生理化检验的内容·····························2

第三节 常用的分析方法及标准分析方法的制定·················4

第四节 分析工作质量保证和质量控制·····················11

第五节 样品分析前的常用处理方法······················16

第二章 环境空气理化检验·······························27

第一节 基本知识································27

第二节 空气污染物采样方法··························30

第三节 空气中常见污染物测定方法······················41

第四节 标准气配制······························53

第五节 气象参数测量·····························56

第三章　理化检验技术 ································· 61

第一节　化妆品检验基本技术 ······················· 61

第二节　生物材料检验基本技术 ····················· 73

第三节　职业卫生检验基本技术 ····················· 79

第四节　仪器分析基本技术 ························· 89

第四章　食品与环境卫生理化检验 ················· 94

第一节　食品卫生理化检验 ························· 94

第二节　环境卫生理化检验 ························ 106

第五章　环境监测与生态保护 ····················· 114

第一节　环境监测的目的与分类 ···················· 114

第二节　环境监测的方法和技术 ···················· 119

第三节　环境标准 ······························ 122

第四节　环境监测在生态环境保护中的作用与措施 ········· 125

第六章　环境污染生物监测 ······················· 129

第一节　生物污染监测 ··························· 129

第二节　水环境污染生物监测 ······················ 146

第三节　空气污染的生物监测与评价 ················· 159

第四节　土壤污染的生物监测与评价 ················· 164

第七章　环境空气和废气监测 ················· 179

第一节　大气环境污染基本知识 ················· 179

第二节　大气环境污染监测方案的制定 ················· 182

第三节　颗粒物的监测 ················· 192

第四节　气态污染物的监测 ················· 199

第五节　气态污染物的测定方法 ················· 203

第六节　大气环境污染源监测 ················· 211

第八章　现代环境监测技术 ················· 218

第一节　连续自动监测系统 ················· 218

第二节　环境遥感监测技术 ················· 223

第三节　便携式现场监测仪 ················· 227

参考文献 ················· 230

.... 179

第二节 182

第三节 192

第四节 199

第五节 203

第六节 211

第八章 218

第一节 218

第二节 223

第三节 227

参考文献 230

第一章 卫生理化检验基本知识

第一节 卫生理化检验的对象与任务

一、研究对象

预防医学领域中有关化学物质检测的理论、方法和技术为卫生理化检验学的研究对象。这些化学物质种类包括：存在于人体生命活动环境（空气、水、食品）中的有毒有害无机物、有机物；有害物质在生物体内的代谢物，转化的产物；与中毒、致癌等疾病发生相关的人体内生物活性物质。

卫生理化检验学研究的方法和技术，主要为分析测试和样品处理中的方法和技术。它们涉及的内容广泛，包括：从常量到微量分析；从宏观组分到微观结构分析；从静态到快速反应追踪分析；从破坏试样到无损分析；从离体到在体分析；等等。现代分析化学中的各种光谱分析法、电化学分析法、色谱法以及各种分离技术等，在预防医学的检测领域发挥着重要作用。

大多数环境样品、生物样品及食品中的被测污染物与基体的状态不完全一致，对这样的样品必须经过预处理才能进行分析测定。样品预处理可以消除共存组分对测定的干扰、浓缩被测组分、提高测定的精密度和准确度，关系到卫生检验工作的成败。因此，样品预处理方法与技术的研究一直是分析检验工作者极其关注的问题。对各种样品预处理的新方法、新技术的探索、研究与完善已成为现代卫生理化检验的重要课题和发展方向之一。

二、卫生理化检验的任务

（1）污染物监测。在公众疾病预防与控制、劳动卫生环境保护等部门，这是重要的经常性工作，涉及广大群众和劳动者日常生活、工作的方方面面。定期检测涉及公共卫生安全的空气、饮水、食品和其他接触生活介质中危害人体健康的有害污染物，找到其来源并予以消除，保护人民群众的身体健康。

（2）污染现状和趋势监测。在对空气、水、食品的日常检测中，了解执行卫生标准情况、污染现状和发展趋势，对研究环境污染与人体健康的关系是不可缺少的。在进行检验过程中还应特别注意发现新污染物，这对于防止污染物对人体造成不良影响极为重要。在应对突发性污染、中毒事件时更是如此。

（3）污染源和污染程度监测。这是检验部门经常进行的工作。查找污染源并判定污染程度对污染的控制和治理都十分重要。污染来源不同，造成危害的性质也不同，所采取的治理措施也不同，因而找出污染源并确定危害性质是卫生理化检验工作中极其重要的任务之一。

第二节　卫生理化检验的内容

一、食品理化检验

食品卫生理化检验的内容包括食品的感官检查、食品中营养成分的检验、保健食品的检验、食品添加剂的检验、食品中有害物质的检验、食品容器和包装材料的检验、化学性食物中毒的快速鉴定、转基因食品的检验等，主要内容为食品中营养成分和食品中有害物质的检验。由于食品种类繁多，来源广泛，形态各异，特别是食品中有害物质的种类及其存在方式千变万化、非常复杂，为其检验工作带来一定难度。因而，样品处理的方法和技术在食品卫生理化检验中显得尤为重要。

二、水质理化检验

城乡生活饮用水卫生检验是最基础也是最重要的水质理化检验工作。为全面满足人们对健康和生活其他方面的卫生要求，生活饮用水卫生标准对 35 项理化指标（包括水的感官性状、化学和细菌学指标）做了规定。根据具体情况，卫生监督部门对生活饮用水有全项检验；一般卫生项目检测水温、pH 值、浑浊度、导电率、可溶性固体、溶解氧、化学耗氧量、生化需氧量、亚硝酸盐、硝酸盐、氧化物、总硬度、磷酸盐以及有害物质（酚、氰化物、汞、砷、六价铬）等。

三、空气理化检验

空气理化检验包括城市空气质量检验、室内空气质量检验和车间空气（作业场所）质量检验。在城市和室内空气质量检验中，主要检测二氧化硫、氮氧化合物、一氧化碳、臭氧、氟化物、总有机碳、恶臭、粉尘等物质；在车间空气（作业场所）质量检验中，则根据卫生标准和生产过程中可能释放的污染物，确定具体的检测对象。国家对生产作业环境规定了各种无机物、有机物以及生产性粉尘等 120 种物质的最高容许浓度，规定了四乙基铅、汞、敌敌畏、松节油等 168 种物质的检验方法。

四、生物材料理化检验

人体或动物体内存在的有毒有害物质及其代谢物、转化产物的种类和数量，是研究各种疾病发生机理的关键之一，也是研究环境对人类健康影响的桥梁。这也包括与慢性中毒、致癌等疾病发生相关的人体内生物活性物质的检测。显然，生物材料的介质形态和其中的有害物质存在方式更为复杂，检验难度更大，这体现在样品处理技术和分析测试技术两个方面。因此，生物材料理化检验的方法和技术研究一直很活跃。

第三节 常用的分析方法及标准分析方法的制定

一、常用的分析方法

卫生理化检验中经常性的工作主要是进行定性和定量分析，几乎所有的化学分析和现代仪器分析方法都可以用于卫生理化检验，但是每种分析方法都有其各自优缺点。卫生理化检验选择分析方法的原则，首选应选用中华人民共和国国家标准，标准方法中如有两个以上检验方法时，可根据具备的条件选择使用，以第一种方法为仲裁方法；未指明第一法的标准方法，与其他方法属并列关系。根据实验室的条件，尽量采用灵敏度高、选择性好、准确可靠、分析时间短、经济实用、适用范围广的分析方法。

（一）化学分析

化学分析包括定性分析和定量分析两部分。对于卫生理化检验，由于大多数样品的来源及主要待测成分是已知的，一般定性分析做的较少，只在需要的情况下才做定性分析。因此，最经常的工作是做定量分析。它主要包括质量分析法和容量分析法。食品中水分、灰分、脂肪、纤维素等成分的测定采用质量分析法。容量分析法包括酸碱滴定法、氧化还原滴定法、络合滴定法和沉淀滴定法，其中前两种方法最常用。水的硬度、化学需氧量、食品中蛋白质酸价、过氧化值等的测定均采用滴定分析法。

化学分析法是卫生理化检验的基础，许多样品的预处理和检测都是采用化学方法，而且仪器分析的原理大多数也是建立在化学分析的基础上的。因此，化学分析法仍然是卫生理化检验中最基本、最重要的分析方法。

（二）仪器分析

仪器分析法是以物质的物理或物理化学性质为基础，主要是利用物质的光学、电学和化学等性质来测定物质的含量，包括物理分析法和物理化学分析法。水质、食品、空气等样品中微量成分或低浓度的有毒有害物质的分析常采用仪器分析法进行检测。仪器分析方法一般灵敏、快速、准确，但所用仪器设备较昂贵，分析成本较高。目前，常采用的仪器分析方法有光谱分析、电化学分析、色谱分析，一些采用联用技术的仪器和方法也日益普及，如气相色谱—质谱、液相色谱—质谱、等离子发射光谱—质谱联用法等。下面仅就光谱分析、电化学分析、色谱分析做一概述。

1. 光谱分析

光谱分析研究电磁辐射和物质相互作用，即化学组分内部量子化的特定能级间的跃迁与组分含量的关系，测量由其产生的发射、吸收或散射在一个或多个波长处的电磁辐射强度的方法称为光谱法。

光谱分析主要包括原子光谱分析和分子光谱分析两部分。

（1）原子光谱分析法是利用原子所发射的辐射或辐射与原子的相互作用而对元素进行测定的光谱化学分析法，是由原子外层或内层电子能级的变化产生的，它的表现形式为线光谱。属于这类分析方法的有原子发射光谱法、原子吸收光谱法、原子荧光光谱法以及 X 射线荧光光谱法等。

（2）分子光谱分析法是利用物质分子的内部能级（电子能级、振动能级和转动能级）与电磁波作用产生的吸收、发射来对该物质进行测定的光谱化学分析法。属于这类分析方法的有紫外—可见分光光度法、红外光谱法、Raman 散射、分子荧光分析法、核磁共振波谱法等。

2. 电化学分析

电化学分析是通过测量组成的电化学电池中待测物溶液所产生的一些电特性而进行的分析。方法具有如下特点：分析检测限低；可进行元素形态分析，如 Ce（Ⅲ）及 Ce（Ⅳ）分析；产生电信号，可直接测定，仪器简单、便宜；多数情况可以得到化合物的活度而不只是浓度（比如在生理学研究中，Ca^{2+} 或 K^+ 的活度大小比其浓度大小更有意义）；可得到许多有用的信息，如界面电荷转移的化学计量学和速率、传质速率、吸附或化学吸附特性、化学反应的速率常数和平衡常数测定等。

按测量参数可将电化学分析分为电位分析法、伏安分析法、电导法、电重量法、库仑法等，以电位分析法和伏安分析法最为常用。

（1）电位分析法。它是通过测量电极电位（实际测量的是电池的电动势），根据 Nernst 方程来确定电极活性物质活度（或浓度）的一类分析方法。它包括：①直接电位法，如溶液 pH 值的测定。②电位滴定法。它用于滴定生物碱等药物、表面活性剂以及一些难于用一般方法测定的无机离子等。

（2）伏安分析法。它是以测定电解过程中所得到的电流—电压曲线为基础的电化学分析方法。其中，用滴汞电极为工作电极的伏安分析法称为极谱法，常见的有单扫描极谱法、脉冲极谱法，可以采用直接比较法、标准曲线法和标准加入法对未知样进行定量。

3. 色谱分析

色谱法又称层析法。色谱法早在 1903 年由俄国植物学家茨维特分离植物色素时采用。他在研究植物叶的色素成分时，将植物叶子的萃取物倒入填有碳酸钙的直立玻璃管内，然后加入石油醚使其自由流下，结果色素中各组分互相分离，形成各种不同颜色的谱带。这种方法因此得名为色谱法。以后此法逐渐应用于无色物质的分离，"色谱"两字虽已失去原来的含义，但仍被人们沿用至今。

在色谱法中，将填入玻璃管或不锈钢管内静止不动的一相（固体或液体）称为固定相；自上而下运动的一相（一般是气体或液体）称为流动相；装有固定相的管子（玻璃管或不锈钢管）称为色谱柱。当流动相中样品混合物经过固定相时，就会与固定相发生作用；由于各组分在性质和结构上的差异，与固定相相互作用的类型、强弱也有差异，因此在同一推动力的作用下，不同组分在固定相滞留时间长短不同，从而按先后不同的次序从固定相中流出。色谱法根据其分离原理可分为吸附色谱、分配色谱、离子交换色谱与排阻色谱等；又可根据两相状态或分离方法分为纸色谱法、薄层色谱法、柱色谱法、气相色谱法、高效液相色谱法等，以气相色谱法和高效液相色谱法应用最为广泛。色谱法是目前应用最广泛、最灵敏的分析方法之一，它的检测限可达到 10g，相当于 10mol/L 量级。

（1）气相色谱法。以气体为流动相的色谱称为气相色谱。气相色谱固定相大致分为液体固定相和固体固定相两类。液体固定相是将固定液均匀地涂布在载体上构成，通过分子间作用力（包括静电力、诱导力、色散力和氢键力等）决定组分在固定液中的溶解度，从而决定了组分在气液两相中的分配系数和保留时间。气相色谱固定液通常按其极性分类，主要有：①烃类——脂肪烃、芳香烃及其聚合物，如阿皮松、聚苯乙烯等；②聚硅氧烷类，如甲基、乙基、苯基甲基、氰基甲基聚硅氧烷等；③聚二醇及聚烷基氧化物，如聚乙二醇；④酯及聚酯类，如邻苯二甲酸二壬酯。固体固定相一般都是具有吸附活性的固体吸附剂，主要有非极性的活性炭和石墨化颗粒、弱极性的活性氧化铝、强极性的硅胶等。

气相色谱常用检测器有火焰离子化检测器、电子捕获检测器、火焰光度检测器、氮磷检测器。火焰离子化检测器又称氢焰检测器，是目前应用最广泛的检测器，对大多数有机物有响应，灵敏度高，能检测 ng/mL 级痕量有机物，并且响应速度快，稳定性好，线性范围广。电子捕获检测器是一种选择性强、灵敏度高的检测器，它只对含有强电负性元素的物质即亲电子性化合物产生响应；电负性越强，响应信号越大。其适于分析含有卤素、硫、磷、氮、氧等元素的物质，灵敏度很高，检测量可达 10^{-14}g/mL。其缺点是线性范围较窄（$10^2 \sim 10^4$）。火焰光度检测器是对含硫、磷的有机物有高度选择性和高灵敏度的检测器，又称硫磷检测器。其主要对大气、水和食品中的含硫、磷有机污染物分析，其检测量可达 10^{-12}g/mL。氮磷检测器专用于含氮和磷的有机物分析。

影响混合物中各组分的分离效果的操作条件有载气和流速的选择、柱温的选择、固定液配比的选择、载体粒度和分散度的选择、柱长和柱内径的选择、进样速度和进样量的选择、汽化温度的选择等。人们对此进行了大量研究，积累了丰富的理论和实践经验，并建立了完善的专家系统。针对分析对象，参考专家系统，初步确定分离操作条件，在此基础上一般还要稍作调整，才能获得满意的气相色谱分离操作条件。

（2）液相色谱法。液体为流动相的色谱称液相色谱。与气相色谱一样，液相色谱固定相也分为液体固定相和固体固定相两类。虽然大部分的有机液体都可以作为液体固定相，但常用的固定液只有极性不同的几种，如极性的 β，β'-氧二丙腈、聚乙二醇、聚酰胺，非极性的十八烷和角鲨烷，等等。常见的固体固定相有吸附剂、离子交换树脂、凝胶。吸附剂分为极性吸附剂和非极性吸附剂，前者如硅胶、氧化铝、氧化镁分子筛等，后者如活性炭等；离子交换树脂主要分为无机离子交换剂和有机离子交换剂两大类；凝胶按其性质分为软性凝胶、半刚性凝胶、刚性凝胶。

　　液相色谱的检测器有紫外吸收检测器、光电二极管阵列检测器、荧光检测器、示差折光检测器、电化学检测器、化学发光检测器。紫外吸收检测器灵敏度较高，线性范围宽，对流速和温度的变化不敏感，适用于梯度洗脱，对强吸收物质检测限可达 1ng，检测后不破坏样品；可用于制备，并能与任何检测器串联使用；在各类检测器中，其使用率占 70% 左右。紫外检测器有单波长和可调波长两类，可调波长紫外检测器可按照被测试样的紫外吸收特征任意选择工作波长，提高了仪器的选择性和信噪比，适用于梯度洗脱，但灵敏度不如固定波长紫外检测器。光电二极管阵列检测器也称快速扫描紫外可见光检测器，它采用光电二极管阵列作为检测元件，可得到三维色谱光谱图。其中，最近发展起来的电荷耦合阵列检测器（Charge-coupled Device Array Detector），简称 CCD 检测器，具有光谱响应范围宽、灵敏度高及线性范围宽等优异性能，具有其他类型检测器无法比拟的优点。荧光检测器是一种高灵敏度、有选择性的检测器，可检测能产生荧光的化合物；某些不发荧光的物质可通过化学衍生技术生成荧光衍生物，再进行荧光检测。其最小检测浓度可达 0.1ng/mL，适用于痕量分析，可用于梯度洗脱。一般情况下，荧光检测器的灵敏度比紫外检测器高 1 ~ 3 个数量级，但其线性范围不如紫外检测器宽。示差折光检测器是一种浓度型通用检测器，某些不能用选择性检测器检测的组分，如高分子化合物、糖类、脂肪烷烃等，没有紫外吸收、不产生荧光、没有电活性，可用示差折光检测器，但灵敏度比紫外检测器低得多。该检测器对温度和压力的变化非常敏感，不能用于梯度洗脱。电化学检测器主要有安培、极谱、库仑、电位、电导等检测器，属选择性检测器，可检测具有电活性的化合物。化学发光检测器是一种快速灵敏的新型检测器，当分离组分从色谱柱中洗脱出来即与适当的化学发光试剂混合，引起化学反应，导致发光物质产生辐射，其光强度与该物质的浓度成正比。这种检测器的最小检测量可达 pg 级，敏度比荧光检测器高 20 倍。

　　高效液相色谱法与气相色谱法相比，具有应用范围广的优点。高压液相色谱法可用于高沸点、相对分子量大、热稳定性差的有机化合物以及各种离子的分离分析。它不仅可利用被分离组分极性的差别、分子尺寸的差别、离子交换能力的差别以及生物分子间亲和力的差别进行分离，还可用多种溶剂做流动相，通过改变流动相组成来改善分离效果，因此分离能力比气相色谱法更大。此外，高压液相色谱法的馏分容易收集，十分有利于制备。影响高效液相色谱分离效果的因素有流动相的流速、种类和配比，固定相、色谱柱的长度和内径、柱温等，在检测过程中应注意选择合适的色谱条件，以获得满意的检测结果。

二、标准分析方法的制定

随着预防医学的迅速发展，对于一系列前所未有、复杂的微量、痕量污染物分离、分析问题，传统的检测技术需要不断革新才能逐步满足这些高要求。因此，研究新的检测方法是卫生检验学的前沿领域之一。新方法的建立对满足卫生理化检验的工作需要、提高检验工作的水平、促进我国标准分析方法的发展具有重要意义。

（一）分析方法的建立

在查阅国内外有关文献的基础上，了解待测物的理化性质、原有分析方法的原理和优缺点，提出新的分析方法或改进原方法。通常应该对影响分析方法精密度、灵敏度、准确度和方法检出限的主要因素以及样品的前处理条件进行优化。选用优化的分析测试条件和样品前处理步骤，建立新的分析方法，并对所建立方法的性能指标进行评价。

1.检测条件的优化

在新的分析方法建立过程中，可以采用单因素条件试验或正交试验，确定各种影响因素的最佳条件。

不同的分析方法所需要优化的条件不同。分光光度法需优化的条件有合适的显色反应、显色缓冲液种类和 pH 值、显色剂用量、显色温度和时间等；气相色谱法在进行测定条件优化时，首先应根据待测组分的性质，对色谱柱和检测器的种类进行选择，然后进行柱温、气化室温度、载气种类和流速、可能用到的氢气和空气的流速等条件进行优化；液相色谱法在进行测定条件优化时，首先需要选择的也是色谱柱和检测器的种类，之后再对流动相的组成、酸度、流速以及柱温等条件进行优化，同时必须考查在所选择的最佳色谱条件下，实际样品中待测组分与样品中干扰组分的分离情况。

2.校准曲线的绘制

校准曲线是用于描述待测物质的浓度或含量与测量仪器响应值之间定量关系的曲线。在进行测定时，所配制的标准系列、待测物的浓度或含量应在方法的线性范围之内。

校准曲线包括标准曲线和工作曲线，两者的区别在于标准溶液的处理步骤不同。在绘制工作曲线时，标准溶液的分析步骤和样品分析步骤完全相同；而绘制标准曲线时，标准溶液的分析步骤中省略了样品的前处理步骤。

3. 样品前处理条件的优化

样品的前处理是建立新分析方法的重要一环，是决定分析成败的关键之一。样品前处理的目的是使样品能适合分析方法的要求。通常样品的前处理包括样品的消化或提取、分离和净化等步骤。

对于金属元素或无机物的检测，可以采用干灰化或湿消化处理样品，并对其条件进行优化；对于有机物的检测，可以根据待测物的性质选择合适的提取方法并进行条件优化，如采用液—液萃取、超声波萃取、振摇萃取、索氏提取器提取等。样品的分离和净化，可以选择并进行条件优化的方法有溶剂提取法、挥发法和蒸馏法、液相色层分离法、固相萃取法等。

4. 干扰试验

根据样品中可能存在的干扰成分进行试验，通过干扰试验可以确定干扰组分的允许浓度。通常在标准溶液中加入一定量的干扰成分，以测定值变化 ±10% 作为是否产生干扰的判定依据。如果存在干扰，则应该采取适当的措施加以消除。

5. 实际样品的测定

采用所建立的新方法检测不同类型、不同基体的实际样品，以说明方法的适用性。

6. 方法性能指标的评价

对于所建立的分析方法应给出其线性范围、检测限、精密度、回收率、方法对照等方法学指标的评价。

（二）标准分析方法的研制程序

对于目前国家尚未制定标准方法的检验项目，应尽可能采用或借鉴国际通用的检验方法，也可以在查阅国内外有关文献资料的基础上建立新的分析方法。所建立的新方法在实践中不断改进完善后，可以申报为国家、部门、地方或行业的标准分析方法。一般国家标准分析方法研制的主要程序是:（1）立项。在调查和查阅有关文献资料的基础上，提出制定的标准项目建议书。（2）起草。通过上述新方法研制的试验程序，整理、编制分析方法的标准草案和标准编制说明，形成标准征求意见稿，并由三个以上的检验单位对所提出的方法进行验证。（3）征求意见。由标准化主管部门广泛征求意见，标准起草小组根据反馈的意见，修改标准征求意见稿和标准编制说明，形成标准送审稿。（4）审查。由标准化主管部门组织会审或函审。根据审查意见，修改标准送审稿和标准编制说明，形成标准报批稿，并整理"意见汇总"。最后将完整的研制报告和意见汇总表等材料上报标准化主管部门，待批准。

第四节　分析工作质量保证和质量控制

检测数据在卫生政策和法规的制定及执行过程中起着极为重要的作用。检测工作贯穿于整个卫生监测过程之中，检测数据的质量也必然受到各种因素的影响和制约。检测质量保证应该是科学管理水平和检测技能的综合体现，检测数据的失真可使评价结果失误，说明科学管理过程中的失控，最终将导致整个监测工作的失败。因此，必须对卫生理化检验实施质量保证工作，其最终目的在于提供可满足监测目的且合乎质量要求的数据，将由于仪器故障及各种干扰影响导致数据的损失降到最低限度，确保系统提供的数据具有准确性、精密性、代表性、可比性和完整性。

一、分析工作质量保证

在卫生理化检验领域，质量保证是指为保证检测数据的精密、准确、有代表性和完备性而采取的活动的总和。质量保证既是技术措施，又是行政手段。

分析工作质量保证的目的是获得高度可信的分析结果，它包括从样品的采集、保存、运输、分析测试直至报告书的编制和审核、归档等全部过程。实验室质量保证的主要内容包括以下几个方面。

（1）健全的组织机构，明确的岗位职责，对检测工作计划的制订、条件保证和运行实施。

（2）对样品的质量保证。

（3）标准分析方法的执行，详细的方法注解或实施细则的编制，使用非标准分析方法的验证、鉴定与审批。对分析方法的误差预测与控制，可保证分析结果的质量。

（4）检测人员的培训和考核。由于卫生检验样品的复杂性和多样性，检测的指标涉及多种技术，检验人员的技术熟练程度和知识面都会影响分析结果的不确定度。为此，对检测人员的检测知识、技能、特种仪器设备的操作能力进行定期培训、考核，并执行持证上岗的制度。

（5）检测仪器设备的计量检定与维护。对分析仪器以及与检测数据直接有关的设备，必须建立定期的检定和经常的维护制度，并有详细的运行记录，确保仪器、设备在分析过程中处正常运行状态。

（6）基准物质与标准溶液的管理。基准物质和标准溶液是保证分析结果能通过连续的比较链溯源到国家计量标准的依据，基准物质的使用与管理应视同对标准器的管理。标准溶液的配制应严格按照国家标准进行标化和复核，并有编号和记录。

（7）分析工作质量控制。实验室分析质量控制的主要内容是通过对分析的精密度的预测与控制、误差的估计与校正、方法检测限以及结果总不确定度的确定，以保证分析结果的可靠性和可比性。

（8）检测报告书的质量控制与管理。检测报告书是检测机构的产品，报告书的质量由其外观形式和数据结论两方面组成，它是检测机构全面科学管理和技能水平的反映。因此，对原始记录的规范，合理的数据修约与统计，法定计量单位的正确使用，严格的报告书编制、审核、签发、归档以及对报告的申诉、质疑的规定，是检测机构质量体系有效运行的体现。

二、分析工作质量控制

质量控制是"为保持某一产品、过程或服务质量满足规定的质量要求所采取的作业技术和活动"。分析工作质量控制的目的是把检验结果的误差控制在允许的限度内，使分析数据合理、可靠，在给定的置信度内达到所要求的质量。

分析工作质量控制包括空白试验、灵敏度、精密度和准确度、校准曲线、检出限、测定限等的控制和质量控制图的使用。

（一）空白试验

空白试验是指除用蒸馏水代替样品外，其他所加试剂和操作步骤均与样品测定完全相同的操作过程。空白试验的响应值叫空白试验值，简称空白值。

一般分析结果等于样品测定值扣除空白值。在卫生样品分析中，由于污染物测定值很小，常与空白值处于同一数量级，所以空白值的大小及其变异性将严重影响分析结果的精密度以及分析方法的最低检出限。

影响空白值大小及变异性的因素有：（1）试剂中的杂质；（2）实验用水中的杂质；（3）有色试剂的底色；（4）玻璃器皿的玷污；（5）测定仪器的噪声或分析方法的精密度；（6）实验环境的污染；（7）操作人员的水平等。对这些因素进行严格控制，并进行严密的监测，就可将空白值保持在分析方法规定的水平。测定或监测空白值的方法是：每天测定两个平行样，连测 5 天，将此 10 次测定结果求出均值和标准偏差。

（二）灵敏度

分析方法的灵敏度是指该方法对单位浓度或单位含量的待测物质的变化所引起的相应量的变化的程度，它可以用仪器的相应量或其他指示量与对应的待测物质的浓度或量之比来描述，因此常用标准曲线的斜率来度量灵敏度。灵敏度因实验条件而变。

（三）精密度和准确度

精密度是指对同一均匀试样的多次平行测量值之间的彼此符合程度，是测量结果中随机误差大小的程度。精密度通常是对一组样本的测量值经统计计算，用极差、平均偏差和相对平均偏差、标准偏差和相对标准偏差表示，其中以相对标准偏差较为常用。

准确度是指测定值与真值之间一致的程度。测定值与真值愈接近，误差就愈小，测定结果就愈准确。分析方法或测量系统的准确度是反映该方法或测量系统存在的系统误差和随机误差两者的综合指标。一般常用对标准物质的测定、与标准方法对照和加标回收率的测定结果来评价分析方法或分析结果的准确度。

分析结果的精密度和准确度与样品的均匀性、被测量值的大小、所用仪器及试剂、实验者、实验室环境条件等有关。在常规分析工作中应用质量控制图的方法对分析质量进行检查与评价，控制分析结果的精密度和准确度，以保证分析结果的误差控制在允许的范围内。

（四）校准曲线

校准曲线是用于描述待测物质的浓度或含量与测量仪器响应值之间定量关系的曲线。在进行测定时，所配制的标准系列、待测物的浓度或含量应在方法的线性范围之内。校准曲线包括标准曲线和工作曲线，两者的区别在于标准溶液的处理步骤不同。在绘制工作曲线时，标准溶液的分析步骤和样品分析步骤完全相同；在绘制标准曲线时，标准溶液的分析步骤中省略了样品的前处理步骤。

（五）检出限

检出限是指对某一特定的分析方法，在给定的可靠程度内能从样品中检出待测物质的最小浓度或最小量。所谓"检出"是指定性检测，断定样品中存在有浓度高于空白的待测物质。

检出限有以下规定：

（1）分光光度法中规定，扣除空白值后，吸光度为 0.01 相对应的浓度为检出限。

（2）气相色谱法中规定检测器产生的响应信号为噪声信号两倍时的量。最小检出浓度是指检出限与进样量（体积）之比。

（3）离子选择电极法规定，某一方法标准曲线的直线部分的延长线与通过空白电位且平行于浓度轴的直线相交时，其交点所对应的浓度即为检出限。

（六）定量限

定量限（过去称为测定下限）是指在测定误差能满足预定要求的前提下，用特定方法能够准确地定量测定待测物质的最小浓度或含量，其值总是高于检出限。

（七）质量控制图的使用

分析工作者在常规监测中，必须对分析质量进行经常的检查与评价，以保证分析结果的误差控制在允许的范围内。应用质量控制图是控制分析质量的有效方法之一。

偶然误差的概率是一个正态分布曲线，其标准偏差为 s、±2s、±3s，区间对应的置信水平分别是 95.5% 和 99.7%，这是质量控制图的理论基础。

质量控制图的基本假设是认为每个分析方法过程都存在着随机误差和系统误差。收集某一指标的标准样多次分析数据，以实验结果为纵坐标，以实验次序为横坐标，以均值为中心线。以均值的标准差定出警告限和控制限。分析结果如果落在警告限或控制限之内，说明分析工作在控制之中；否则，就是失去控制。使用控制图时，偶尔有一个测定结果越出警告限（如在 20 次内仅有一次），仍可认为测定误差是正常的。频繁地越出警告限，说明分析系统的随机误差变大；有时分析结果虽未越出警告限，但结果连续分布在均值的一侧，由于正常情况误差应随机分布在均值的两侧，这说明分析中存在着系统因素的影响。

质量控制图的绘制和使用，需要一个相应的标准溶液或标准样品，它的浓度和稳定性都应经过证实。

均值质量控制图的使用方法是：根据日常工作中该项目的分析频率和分析人员的技术水平，每隔适当时间，取两份平行的控制样品，随卫生样品同时测定。对操作技术水平较低的人员和测定频率低的项目，每次都应该同时测定控制样品，将控制样品的测定结果点在均值质量控制图上，根据下列规定检验分析过程是否处于控制状态。

（1）如果此点在上、下警告限之间区域内，则测定结果处于控制状态，样品分析结果有效。

（2）如果此点超出上、下警告限，但仍在上、下控制限之间的区域内，提示分析质量开始变劣，可能存在"失控"倾向，应进行初步检查，并采取相应的校正措施。

（3）若此点落在上、下控制限之外，表示过程"失控"，应立即检查原因，予以纠正。样品应重新测定。

（4）如遇到 7 点连续上升或下降（虽然数值在控制状态），表示测定有"失控"倾向，应立即查明原因，予以纠正。

（5）即使过程处于控制状态，尚可根据相邻测定值的分布趋势，对分析质量可能发生的问题进行初步判断。

当控制样品测定结果积累更多以后，这些结果可以和原始结果一起重新计算总均值、标准偏差，再校正原来的均值质量控制图。

第五节　样品分析前的常用处理方法

一、无机化处理法

无机化处理法主要用于样品中无机元素的测定，通常是采用高温或高温结合强氧化条件，使有机物质分解并成气态逸散，待测成分残留下来。根据具体操作条件的不同，无机化处理法可分为湿消化法和干灰化法两大类。

（一）湿消化法

湿消化法简称消化法，是常用的样品无机化方法之一，通常是在适量的样品中，加入硝酸、高氯酸、硫酸等氧化性强酸，结合加热来破坏有机物，使待测的无机成分释放出来，并形成各种不挥发的无机化合物，以便做进一步的分析测定。有时还要加一些氧化剂（如高锰酸钾、过氧化氢等），或催化剂（如硫酸铜、硫酸钾、二氧化锰、五氧化二矾等），以加速样品的氧化分解。

1. 方法特点

湿消化法分解有机物的速度快，所需时间短；加热温度较低，可以减少待测成分的挥发损失。缺点是：在消化过程中，产生大量的有害气体，操作必须在通风橱中进行。由于在消化初期，易产生大量泡沫使样液外溢；消化过程中，可能出现碳化引起待测成分损失，因此需要操作人员随时照管。由于试剂用量大，空白值有时较高。

2. 常用的氧化性强酸

（1）硝酸。通常使用的浓硝酸，其浓度为 65% ~ 48%，具有较强的氧化能力，能将样品中有机物氧化生成 CO_2 和 H_2O。所有的硝酸盐都易溶于水；硝酸的沸点较低，纯硝酸在 84℃ 沸腾，硝酸与水的恒沸混合物（69.2%）的沸点为 121.8℃，过量的硝酸容易通过加热除去。由于硝酸的沸点较低，易挥发，因而氧化能力不持久。当需要补加硝酸时，应将消化液放冷，以免高温时迅速挥发损失，既浪费试剂，又污染环境。消化液中常残存较多的氮氧化合物，如果氮氧化合物对待测成分的测定有干扰时，需再加热驱赶；有的还要加水加热，才能除尽氮氧化合物。对锡和锑易形成难溶的锡酸和偏锑酸或其盐。

在很多情况下，单独使用硝酸尚不能完全分解有机物，常与其他酸配合使用。

（2）高氯酸。冷的高氯酸没有氧化能力；浓热的高氯酸是一种强氧化剂，其氧化能力强于硝酸和硫酸，几乎所有的有机物都能被它分解，消化样品的速度也快。这是由于高氯酸在加热条件下能产生氧和氯的缘故。

一般的高氯酸盐都易溶于水；高氯酸与水形成含 72.4%$HClO_4$ 的恒沸混合物，即通常说的浓高氯酸，其沸点为 203℃。高氯酸的沸点适中，氧化能力较为持久，过量的高氯酸也容易加热除去。

在使用高氯酸时，需要特别注意安全，因为在高温下高氯酸直接接触某些还原性较强的物质，如酒精、甘油、脂肪、糖类以及次磷酸或其盐，反应剧烈而有发生爆炸的可能。一般不单独使用高氯酸处理样品，而是用硝酸和高氯酸的混合酸来分解有机物质，在消化过程中注意随时补加硝酸，直到样品液不再碳化为止；准备使用高氯酸的通风橱，不应露出木质骨架，最好用陶瓷材料制造；在三角瓶或凯氏烧瓶上装一个玻璃罩子与抽气的水泵连接，来抽走蒸气，勿使消化液烧干，以免发生危险。

（3）硫酸。稀硫酸没有氧化性；而热的浓硫酸具有较强的氧化性，对有机物有强烈的脱水作用，并使其碳化，进一步氧化生成二氧化碳。受热分解时，放出氧、二氧化硫和水。

硫酸可使食品中的蛋白质氧化脱氨，但不能进一步氧化成氮氧化合物。硫酸沸点高（338℃），不易挥发损失；在与其他酸混合使用，加热蒸发到出现二氧化硫白烟时，有利于除去低沸点的硝酸、高氯酸、水及氮氧化合物。硫酸的氧化能力不如高氯酸和硝酸强；硫酸所形成的某些盐类，溶解度不如硝酸盐和高氯酸盐好，比如钙、锶、钡、铅的硫酸盐，在水中的溶解度较小；沸点高，不易加热除去，应注意控制加入硫酸的量。

3. 常用的消化方法

在实际工作中，除了单独使用硫酸的消化法外，经常采取几种不同的氧化性酸类配合使用，利用各种酸的特点，取长补短，以达到安全快速、完全破坏有机物的目的。几种常用的消化方法如下：

（1）单独使用硫酸的消化法。此法在样品消化时，仅加入硫酸一种氧化性酸，在加热情况下，依靠硫酸的脱水碳化作用，使有机物破坏。由于硫酸的氧化能力较弱，消化液碳化变黑后，保持较长的碳化阶段，使消化时间延长。为此，常加入硫酸钾或硫酸铜以提高其沸点，加适量硫酸铜或硫酸汞作为催化剂，来缩短消化时间。例如，用凯氏定氮法测定食品中蛋白质的含量，就是利用此法来进行消化的。在消化过程中蛋白质中的氮转变成硫酸铵留在消化液中，不会进一步氧化成氮氧化合物而损失。在分析一些含有机物较少的样品（如饮料）时，也可单独使用硫酸，有时可适当加入一些氧化剂（如高锰酸钾和过氧化氢等）。

（2）硝酸—高氯酸消化法。此法可先加硝酸进行消化，待大量有机物分解后，再加入高氯酸，或者以硝酸—高氯酸混合液将样品浸泡过夜，或小火加热待大量泡沫消失后，再提高消化温度，直至消化完全为止。此法氧化能力强，反应速度快，碳化过程不明显；消化温度较低、挥发损失少。但由于这两种酸经加热都容易挥发，故当温度过高、时间过长时，容易烧干，并可能引起残余物燃烧或爆炸。为了防止这种情况发生，有时加入少量硫酸，以防烧干。同时，加入硫酸后可适当提高消化温度，充分发挥硝酸和高氯酸的氧化作用。本法对某些还原性较强的样品，如酒精、甘油、油脂和大量磷酸盐存在时，不宜采用。

（3）硝酸—硫酸消化法。此法是在样品中加入硝酸和硫酸的混合液，或先加入硫酸，加热，使有机物分解，在消化过程中不断补加硝酸。这样可缩短碳化过程，减少消化时间，反应速度适中。此法因含有硫酸，不宜做样品中碱土金属的分析，因碱土金属的硫酸盐溶解度较小。对于较难消化的样品，如果含较大量的脂肪和蛋白质时，可在消化后期加入少量高氯酸或过氧化氢，以加快消化的速度。

上述几种消化方法各有优缺点，在处理不同的样品或做不同的测定项目时，做法上略有差异。在掌握加热温度、加酸的次序和种类、氧化剂和催化剂的加入与否，可按要求和经验灵活掌握，并同时做空白试验，以消除试剂及操作条件不同所带来的误差。

4. 消化的操作技术

根据消化的具体操作不同，可分为敞口消化法、回流消化法、冷消化法和密封罐消化法等。

（1）敞口消化法。这是最常用的消化操作法。通常在凯氏烧瓶或硬质锥形瓶中进行消化。凯氏烧瓶是一种底部为梨形并有长颈的硬质烧瓶。操作时，在凯氏烧瓶中加入样品和消化液，将瓶倾斜呈约45°，用电炉、电热板或煤气灯加热，直至消化完全为止。由于本法系敞口加热操作，有大量消化酸雾和消化分解产物逸出，故而需在通风橱内进行。为了克服凯氏烧瓶因颈长底圆而取样不方便，可采用硬质锥形瓶进行消化。

（2）回流消化法。测定具有挥发性的成分时，可在回流消化器中进行。这种消化器由于在上端连接冷凝器，可使挥发性成分随同冷凝酸雾形成的酸液流回反应瓶内，不仅可避免被测成分的挥发损失，也可防止烧干。

（3）冷消化法。冷消化法又称低温消化法，是将样品和消化液混合后，置于室温或37～40℃烘箱内，放置过夜。由于在低温下消化，可避免极易挥发的元素（如汞）的挥发损失，而且不需特殊的设备，较为方便。但仅适用于含有机物较少的样品。

（4）密封罐消化法。这是近年来开发的一种新型样品消化技术。在聚四氟乙烯容器中加入样品，如果样品量为1g或1g以下，可加入4mL30%的过氧化氢和1滴硝酸，置于密封罐内。放150℃烘箱中保温2h，待自然冷却至室温，摇匀，开盖，便可取此液直接测定，不需要再冲洗转移等手续。由于过氧化氢和硝酸经加热分解后，均生成气体逸出，故而空白值较低。

5. 消化操作的注意事项

（1）消化所用的试剂，应采用纯净的酸及氧化剂，所含杂质要少，并同时按与样品相同的操作做空白试验，以扣除消化试剂对测定数据的影响。如果空白值较高，应提高试剂纯度，并选择质量较好的玻璃器皿进行消化。

（2）消化瓶内可加玻璃珠或瓷片，以防止暴沸；凯氏烧瓶的瓶口应倾斜，不应对着自己或他人。加热时，火力应集中于底部，瓶颈部位应保持较低的温度，以冷凝酸雾，并减少被测成分的挥发损失。消化时，如果产生大量泡沫，除迅速减小火力外，也可将样品和消化液在室温下浸泡过夜，第二天再进行加热消化。

（3）在消化过程中需要补加酸或氧化剂时，首先要停止加热。待消化液稍冷后再沿瓶壁缓缓加入，以免发生剧烈反应，引起喷溅，造成对操作者的危害和样品的损失。在高温下补加酸，会使酸迅速挥发，这样既浪费酸，又会对环境增加污染。

（二）干灰化法

干灰化法简称灰化法或灼烧法，同样是破坏有机物质的常规方法。通常将样品放在坩埚中，在高温灼烧下使样品脱水、焦化，并在空气中氧的作用下，使有机物氧化分解成二氧化碳、水和其他气体而挥发，剩下无机物（盐类或氧化物）供测定用。

1. 灰化法的优缺点

灰化法的优点是：基本上不加或加入很少的试剂，因而有较低的空白值；它能处理较多的样品；很多食品经灼烧后灰分少，体积小，故而可加大称样量（可达 10g 左右），在方法灵敏度相同的情况下，可提高检出率；灰化法适用范围广，很多痕量元素的分析都可采用。灰化法操作简单，需要设备少，灰化过程中不需要人一直看守，可同时做其他实验准备工作，并适合做大批量样品的前处理，省时省事。灰化法的缺点是：由于敞口灰化，温度又高，故而容易造成被测成分的挥发损失；灰化需时较长。

2. 提高回收率的措施

用灰化法破坏有机物时，影响回收率的首要因素是高温挥发损失；其次是容器壁的吸留。故而，提高回收率的措施有以下几种：

（1）采取适宜的灰化温度。灰化食品样品，应在尽可能低的温度下进行，但温度过低会延长灰化时间，通常选用 500 ～ 550℃灰化 2h，或在 600℃灰化，一般不要超过 600℃。控制较低的温度是：克服灰化缺点的主要措施。近年来，开始采用低温灰化技术。它的操作步骤是将样品放在低温灰化炉中，先将炉内抽至接近真空（10Pa 左右），然后不断通入氧气，每分钟为 0.3 ～ 0.8L，用射频照射使氧气活化，在低于 150℃的温度下便可将有机物全部灰化。但低温灰化炉仪器较贵，尚难普及推广。用氧瓶燃烧法来灰化样品，不需要特殊的设备，较易办到。它的操作步骤是：将样品包在滤纸内，夹在燃烧瓶塞下的托架上，在燃烧瓶中加入一定量吸收液，并充满纯的氧气。点燃滤纸包立即塞紧燃烧瓶口，使样品中的有机物燃烧完全，剧烈振摇，让烟气全部吸收在吸收液中，最后取出分析。本法适用于植物叶片、种子等少量固体样品，也适用于少量样品及纸色谱分离后的样品斑点分析。

（2）加入助灰化剂。加助灰化剂往往可以加速有机物的氧化，并可防止某些组分的挥发损失和吸留。例如：加氢氧化钠或氢氧化钙可使卤族元素转变成难挥发的碘化钠和氟化钙等；灰化含砷样品时，加入氧化砷和硝酸镁，能使砷转变成不挥发的焦砷酸镁；氧化镁还起衬垫材料的作用，减少样品与坩埚的接触和吸留。

（3）促进灰化和防止损失的措施。样品灰化后如果仍不变白，可加入适量酸或水搅动，帮助灰分溶解，解除低熔点灰分对碳粒的包裹，再继续灰化。这样可缩短灰化时间，但必须待坩埚稍冷后才加酸或水。加酸还可改变盐的组成形式。例如，加硫酸可使一些易挥发的氯化铅、氯化砷转变成难挥发的硫酸盐；加硝酸可提高灰分的溶解度。但酸不能加得过多，否则会对高温炉造成损害。

二、待测成分的分离、纯化方法

（一）挥发法和蒸馏法

挥发法和蒸馏法是利用待测成分的挥发性将待测成分转变成气体或通过化学反应转变成具有挥发性的气体，而与样品基体成分相分离，分离出来的气体经吸收液或吸附剂收集后用于测定，也可直接导入测定仪器测定。这是一类很好的分离富集方法，可以排除大量非挥发性基体成分的干扰。

1. 扩散法

此法的操作常在微量扩散皿中进行。例如：食品中氟化物分离，可加硫酸加热，使氟变成易挥发的氟化氢气体，然后吸收于碱中便可进行测定；肉、鱼、蛋制品中挥发性盐基氮（氨和胺类）的分离，在样品浸提液中加碱加热，使挥发性盐基氮释放出来，将其吸收在硼酸溶液中。

2. 顶空法

顶空分析法常与气相色谱法联用，通常可分为静态和动态顶空分析法。静态顶空分析方法是将成分复杂的样品置于密闭系统中，经恒温一定时间达到平衡后，测定蒸气相中被测成分的含量，便可间接得到组分在样品中的含量。它使复杂样品的提取净化程序一次完成，大大简化了样品的前处理操作。该类方法比较成熟，应用较广泛，但灵敏度较低。动态顶空分析是在样品中不断通入氮气，使其中挥发性成分随氮气流逸出，并收集于吸附柱或冷阱中，经加热解吸或加溶剂溶解后进行分析。动态法虽然操作较复杂，但灵敏度较高，可检测痕量级低沸点化合物。

3.吹蒸法

此法是由美国的 Storherr 和 Watts 提出的，现已选作美国农药分析手册和官方分析化学家协会分析手册中易挥发有机磷农药的分离净化的法定方法。

用乙酸乙酯提取出样品中的农药，取一定量加入填充有玻璃棉、沙子的 Storherr 管中，将管子加热到 180 ~ 185℃，以 600mL/min 吹氮气 20min。农药随氮气被带出，经聚四氟乙烯螺旋管冷却后收集到玻璃管中，脂肪、蜡质、色素等高沸点杂质仍留在 Storherr 管中，从而达到分离、净化、浓缩的目的。

4.蒸馏法

通过加热蒸馏或水蒸气蒸馏，使样品中挥发性的物质随水蒸气一起被带出，收集馏出液用于分析。例如，海产品中无机砷的减压蒸馏分离，在 2.67kPa（20mmHg）压力下，于 70℃进行蒸馏，可使样品中的无机砷在盐酸存在下生成三氯化砷被蒸馏出来，而有机砷在此条件下不挥发也不分解，仍留在蒸馏瓶内，从而达到分离的目的。

5.氢化物发生法

在一定条件下，将待测成分用还原剂还原形成挥发性共价氢化物，从基体中分离出来，经吸收液吸收显色后用分光光度法测定，或直接导入原子吸收仪进行测定。此法可以排除大量基体的干扰，当与原子吸收光谱法联用时，检测灵敏度可比溶液直接雾化提高几个数量级。此法已广泛用于样品中锗、锡、铅、砷和汞的测定。

（二）溶剂提取法

溶剂提取法是卫生理化检验中最常用的提取分离方法。依据相似相溶原则，用适当的溶剂将某种成分从固体样品或样品的浸提液中提取出来，而与其他基体成分分离。要求所选用的提取方法有较好的选择性，对待测成分的提取效率高，一次提取的回收率一般应大于80%，这样才能以较少的溶剂将待测成分提取完全，且提取液中待测成分的浓度较高；对干扰杂质的溶出应尽量少，有利于下一步的净化和浓缩。溶剂提取法可分为浸提法和液—液萃取法。

1. 浸提法

浸提法是利用样品各组分在某一溶剂中的溶解度差异，用适当的溶剂将固体样品中的某种待测成分浸提出来，而与样品基体分离。

（1）震荡浸渍法。将样品切碎，放在合适的溶剂系统中浸渍，震荡一定时间，从样品中提取待测成分。此法简单易行，但回收率较低。

（2）捣碎法。将切碎样品放入捣碎机中，加溶剂捣碎一定时间，使待测成分被提取出来。此法回收率较高，同时干扰杂质溶出较多。

（3）索氏提取法。将一定量样品装入滤纸袋，放入索氏提取器中，加入溶剂加热回流一定时间，将待测成分提取出来。此法提取完全，回收率高但操作麻烦。

2. 液—液萃取法

液—液萃取法是利用溶质在两种互不相溶的溶剂中分配系数不同，将其从一种溶剂中转移到另一种溶剂中，而与其他组分分离的方法。例如，要测定样品中的有机氯农药，可先用石油醚萃取，然后加浓硫酸使样品中的脂肪变成极性大的亲水性物质，加水进行反萃取，便可除去脂肪，石油醚层即为较纯的有机氯农药。

在有机物的萃取分离中，相似者相溶的原则是十分有用的。一般来说，有机物易溶于有机溶剂而难溶于水，但有机物的盐易溶于水而难溶于有机溶剂。所以，有时需改变被测组分的极性，以利于萃取分离。

对于酸性或碱性组分的分离，可通过改变溶液的酸碱性来改变被测组分的极性，以利于萃取分离。例如：食品中的苯甲酸钠，应先将溶液酸化，使其转变成苯甲酸后，再用乙醚萃取；食品中组胺以盐的形式存在时，需加碱让它先变为组胺，才能用戊醇进行萃取，然后加盐酸，此时组胺以盐酸盐的形式存在，易溶于水，被反萃取至水相，达到较好的分离。

（三）液相色谱分离法

液相色谱分离法又称液相层析分离法、液相色层分离法。这类方法的分离原理是利用物质在流动相与固定相两相间的分配系数差异，当两相做相对运动时，在两相间进行多次分配，分配系数大的组分迁移速度慢；反之则迁移速度快，从而实现组分的分离。

此类分离方法的最大特点是分离效率高，它能把各种性质极相似的组分彼此分开，因而是卫生理化检验中一类重要而常用的分离方法。

根据操作形式不同，可以分为柱色谱法、纸色谱法和薄层色谱法等。

1.柱色谱法

柱色谱法是将固定相填装于柱管内制成色谱分离柱，色谱分离过程在柱内进行。常用的吸附剂有活性炭、氧化铝和硅镁吸附剂等，活性炭对植物色素和一些高分子化合物有很好的吸附性能，主要用于吸附色素；氧化铝和硅镁吸附剂对油脂和蜡质的吸附能力强，主要用来吸附蜡质和脂肪等杂质。荧光法测定食品中的维生素 B 时，利用硅镁吸附剂柱将维生素 B 与杂质分离；荧光法测定食品中的硫胺素（维生素 B）时，利用人造浮石对硫胺素的吸附作用，让样品溶液通过人造浮石交换后，使硫胺素被吸附，用水将其他杂质洗去，再用酸性氯化钾溶液洗脱被吸附的硫胺素。此法的操作简便，柱容量大，适用于微量成分的制备和纯化，应用较广泛。

2.纸色谱法

纸色谱法是以纸作为载体，纸上吸附的水作为固定相；操作时，在层析纸条的一端点加样品液，然后让流动相从点有样品液的一端，借毛细管作用缓缓流向另一端，此时溶质在固定相和流动相间进行分配，由于溶质在两相间的分配系数不同而达到分离的目的。

3.薄层色谱法

薄层色谱法是指将固定相均匀地涂铺于具有光洁表面的玻璃、塑料或金属板上形成薄层，在此薄层上进行色谱分离的方法。

（四）固相萃取法

固相萃取法（Solid Phase Extraction，SPE）是一类基于液相色谱分离原理的样品制备技术，近十几年来在国内外得到普遍应用。此法是：将适当的固相材料（吸着剂）充入小柱制成固相萃取柱，当样品溶液通过时，待测成分被吸着剂截留，经适当的溶剂洗涤除去可能吸附的样品基体，然后用一种选择性的溶剂将待测成分吸脱，达到分离、净化和浓缩的目的。

这类方法简便、快速、有效，使用有机溶剂少，在痕量分析中得到了广泛应用。

（1）吸附SPE。它是根据待测成分和样品基体在吸附剂上的吸附能力不同进行分离的，常用的固体吸附剂有硅胶、氧化铝、活性炭、硅胶吸附剂、聚苯乙烯树脂等。

（2）分配SPE。它是根据物质在两种互不相溶的溶剂间的分配系数不同实现分离的。固相材料一般是通过化学反应将适当的液体键合到硅胶上制成，如CH键合硅胶、苯基键合硅胶、氰基丙基键合硅胶、氨基键合硅胶等。

（3）离子交换SPE。它是利用离子交换剂与溶液中带相同电荷离子间的交换反应不同来进行分离的。

（4）凝胶过滤SPE。凝胶是高分子物质的溶液在一定条件下形成的半固体冻状物，它具有多孔的网状结构。分子大小不同的物质溶液通过凝胶时，大分子物质被排阻，流出速度快，而小分子物质自由扩散于凝胶颗粒的孔穴中，流出速度慢。

（5）螯合SPE。它是通过化学反应将螯合剂偶联到载体上制成螯合离子交换剂，比如用羟基乙酸对棉花纤维的羟基进行多相酶化反应，而将羟基连接到纤维分子上制成羟基棉，可以用于Se、As、Hg、Cu、Pb、Cd、Co、Ni等离子的分离和富集。羟基棉的制备简单、操作方便、富集元素多、富集倍数大、吸附解吸性能好，通过控制溶液的酸度或pH，可有较好的选择性。

（6）亲和色谱。它是将对待测成分特异的抗体偶联到载体上制成亲和材料，当样品溶液通过亲和柱时，待测成分与抗体发生特异性反应被截留，与杂质相分离，然后用适当的溶剂洗脱待测成分。此法的特异性高，净化和浓缩效果好。

（五）其他分离、纯化方法

1.透析法

透析法是利用高分子物质不能透过半透膜而小分子或离子能通过半透膜的性质，实现大分子物质与小分子物质的分离。水溶性物质常用透析法来提取分离，方法是：取捣碎的样品或匀浆置于半透膜内，浸泡在纯水中，因膜内含有大小不同的分子和离子而具有较高的渗透压，膜外的水分子能不断通过半透膜进入膜内。由于高分子物质不能透过半透膜，而小分子或离子能通过半透膜进入膜外水中，从而达到分离的目的。

例如，要测定样品中的羧甲基纤维素钠，可将样品放在透析袋中，经一定时间透析后，小分子杂质透出膜外，而大分子的羧甲基纤维素钠不能透出，故而可取袋内液体进行测定。又如：测定食品中的糖精钠含量，可将食品装入用玻璃纸做的透析膜袋内，放在水中进行透析。由于糖精钠的分子较小，能通过半透膜而进入水中；而食品中的蛋白质、树脂等高分子杂质不能通过半透膜，仍留在玻璃纸袋内，从而达到分离的目的。

2. 沉淀分离法

沉淀分离法是利用沉淀反应进行分离的方法。在试样中加入适当的沉淀剂，使被测成分成干扰成分沉淀下来，经过过滤或离心将沉淀与母液分开，从而达到分离的目的。如果要测定食品中的亚硝酸盐，还可加水进行浸取；如果样品中含有蛋白质等杂质，可先加碱性硫酸铜或三氯乙酸等蛋白质沉淀剂，将蛋白质沉淀，然后取水溶液来分析亚硝酸盐的含量。

3. 磺化法

该法用浓硫酸使脂肪烷基部分磺化，并对脂肪和色素分子中的不饱和键起加成作用，形成可溶于硫酸和水的强极性化合物，而不再溶于弱极性的有机溶剂，达到分离净化的目的。此法只能用于对浓硫酸稳定的化合物的净化，在农药残留量分析中常用于有机氯农药样品提取液的净化。

4. 皂化法

该法用碱使油脂水解生成溶于水的脂肪酸盐和甘油，而不再溶于弱极性的有机溶剂，达到分离净化的目的。此法只能用于对碱稳定的农药的净化，如艾氏剂、异艾氏剂和狄氏剂等有机氯农药样品提取液的净化，而不能用于对碱不稳定的有机磷和 DDT 样品提取液的净化。

5. 丙酮凝固法

丙酮凝固法是将样品先以丙酮提取，然后在 –15℃使脂肪凝固，再于 –70℃进一步使脂肪沉淀，离心分出丙酮液，待测成分仍然留在丙酮中。

6. 薄层预展法

用薄层色谱法分析时采用单向或双向二次展开的方法将待测成分与干扰物质分离。在薄层板上点样，先用弱极性的有机溶剂进行预展，将杂质推出溶剂前沿，再用另一溶剂系统正式展开待测成分，从而消除干扰。

总之，分离、纯化方法较多，可根据样品的种类、被测成分与干扰成分的性质差异来选择合适的分离、纯化方法。

第二章　环境空气理化检验

第一节　基本知识

一、卫生标准和标准检验方法

环境的含义很广泛，卫生部门更关注与人体健康有密切关系的环境因素。随着城市化发展和第三产业的比例增加以及居住生活方式的改变，人们每天在室内的时间要占70% ~ 80%，室内空气质量显得尤为重要。

室内空气质量标准（GB/T 18883—2002）涉及的物理指标有：温度、相对湿度、风速、新风量。化学指标有二氧化碳、一氧化碳、氨、臭氧、二氧化硫、二氧化氮、甲醛、苯、甲苯、二甲苯、总挥发性有机物、可吸入颗粒物、苯并芘。

二、环境空气样品的特点

环境空气样品不同于其他样品，有其独特的性质。

（1）空气的流动性大。空气受温度、风向、风速的影响极易流动扩散，因此空气中污染物浓度变化是非常明显的；不同地点浓度相差很大，同一地点不同时间浓度也相差很大。这对空气采样影响很大。在设计空气采样方案时，合适选择采样点和采样时间才能得到有代表性的样品。

（2）空气具有可压缩性。气体分子间距离较大，分子间作用力很小，温度和压力的变化都会改变气体的体积。空气采样体积受此影响较大。为了克服气体体积的随意性，规定了气体的标准状况。我国规定的气体标准状况是：温度为0℃，大气压为 $1.013 \times 10^5 Pa$。

（3）空气样品受环境气象因素影响较大。温度和气压不仅影响空气样品的体积，而且影响污染物在空气中存在的状态；温度高有助于污染物释放和扩散，大气压力的差别有利于空气流动扩散。此外，湿度和风向、风速都会影响空气中污染物的状态、扩散方向和速度。

（4）环境空气中污染物种类多，浓度低。环境空气中污染物来源很广，有自然现象产生，有人们活动产生，有工业生产产生，也有污染物之间反应产生的二次污染物。这些污染物包括了无机化合物和有机化合物，包括了易挥发性化合物和难挥发性化合物，包括了对人畜毒性较大的化合物和毒性较小的化合物。室内和室外空气相互流动，特别是室内空气受室外的影响较大。环境空气污染物存在的浓度很低，要求选用高灵敏的检测方法；被测物与共存物浓度水平相近，测定时要考虑干扰物的排除。

只有了解和熟悉环境空气样品的特点，才能正确、科学、合理地选择采样方法和测定方法，才能使测定结果代表现场的实际情况。

三、空气中污染物存在状态

污染物的沸点不同，在常温下有气体（一氧化碳、氯气等）、液体（苯、环己烷、汞等）和固体（铅、氢氧化钠、苯并芘等）形态。自然界的物质按照沸点不同可分为强挥发性、挥发性、半挥发性和不挥发性四类。这些污染物逸散到空气中，并非都是以分子状态分散在空气中，有些是以微小颗粒形式分散在空气中，但是在空气中存在的状态不一定就是这些物质在自然界存在的状态；在空气中存在的状态取决于这些物质的沸点和常温下的蒸气压。

（一）气体

在常温下是气体的污染物，以分子状态分散到空气中形成均相混合物，如一氧化碳、二氧化碳等。

（二）蒸气

在常温下是液体或固体的污染物，因其挥发性较大或沸点较低，在空气中也是以分子状态分散到空气中形成均相混合物。例如，苯、甲苯、汞等称为蒸气。气体和蒸气都是以分子状态分散在空气中，它们随空气流动的方向和速度是相等的。在静止空气中它们的扩散与它们的比重有关；比重小于空气者（如甲烷）有上升趋势，相反，比重大于空气者（如汞）有下降趋势。

（三）颗粒物和气溶胶

在常温下是液体或固体的污染物，逸散到空气中仍以液体或固体微小的颗粒形式悬浮在空气中。无论是液态颗粒物还是固态颗粒物，它们悬浮在空气中形成的非均相分散体系称为气溶胶。由于颗粒物的质量远大于气体或蒸气分子，在静止状态下，颗粒物（特别是粒径较大的）极易沉降或与容器壁碰撞而损失。在随空气运动过程中，当空气流动的方向和流速变化时，较大的颗粒物出现滞后现象。因此，气溶胶在容器内保存或在管道中输送时，易发生损失，在采样过程要格外注意。有些污染物在空气中形成液体或固体颗粒物，同时由于颗粒物表面饱和蒸气压较高，仍有部分蒸气与颗粒物共存。颗粒物与蒸气共存状态的采样要注意不能只采颗粒物，要同时采集下来。

四、空气中污染物浓度

（一）体积浓度

这种表示方法适用于气体或蒸气均相体系，可以用体积百分浓度表示（%），也可以用体积百万分浓度表示（$\times 10^{-6}$），即过去常用的 ppm 值。这种表示方法并不意味着这种气体的体积只占空气体积的一部分，实际上这种气体也是充满整个空气空间的。这种表示方法是指这种气体占空气混合气的分压比或摩尔比，因此它是无量纲的。

（二）质量浓度

这种表示方法适用于气体或蒸气均相体系，也适用于气溶胶非均相体系。它是用单位体积内含有污染物的质量表示（mg/m^3）。由于气体的体积不是固有的参量，它是由容器的容积、温度和压力决定的，所以在质量浓度中所指的单位体积是指在标准（0℃，$1.013 \times 10^5 Pa$）状况下容器内含有的气体。

第二节 空气污染物采样方法

一、空气污染物采样基础

空气中污染物采样就是将含有污染物的空气收集下来以供分析用。除了少数污染物可以直接测量空气中的浓度外（如一氧化碳、二氧化碳的红外线气体吸收分析仪，臭氧的紫外气体吸收分析仪，氮氧化物的气体化学发光分析仪，甲醛电化学法分析仪等），对大多数污染物而言，由于空气中污染物的浓度与分析方法检测限不直接匹配或者分析方法不能直接测定气体样品等原因，需要把污染物从空气中分离出来或加以浓缩，即空气采样，再利用现有的分析方法进行测量。

（一）选择采样方法的一般原则

由于空气流动性大，其污染物浓度在时间和空间上变化很大，甚至在采样过程中，采样装置有时也会影响现场的浓度，所以采集有代表性的样品是非常重要的。如果采样方法不当，即使分析方法很准确，得到的空气浓度也是不准确的，甚至是完全错误的。

选用采样方法主要考虑以下几个方面：（1）测量的目的和要求；（2）污染物的性质；（3）污染物在空气中存在的状态和浓度等；（4）选用的分析方法类型等。

1.测量的目的和要求

由于空气中污染物在时间上和空间上变化很大，不加选择地在任何时间和任何地点上采样，其结果是毫无意义的。根据测量的目的正确选择采样时间、采样时机、采样频率、采样地点分布是非常重要的。例如，评价空气污染对人体健康影响时，单纯测某一地点的浓度与人体健康毫无关联，必须测量人体活动范围内各处的污染物浓度，并进行时间加权平均计算。最好的方法是随身携带采样装置，跟随人体活动，采集人体接触环境空气污染物的量。评价环境空气质量时，环境空气质量中许多污染物是指日平均浓度，仅有白天的浓度值是不科学的，采样时必须包括一天 24 小时内各时间段的样品。寻找污染源时应该在寻找范围内设定足够的采样点，同时进行采样。在调查空气中污染物浓度高峰出现时间时，每个样品的采样时间不能过长，采样的频数要多。总之，根据测量的目的和要求，合理设计采样时间、采样时机、采样频率、采样点分布等条件。

2. 污染物的性质

采集到的样品必须能代表原空气中污染物的质和量，不能因为采样过程而使空气中被测污染物丢失或增加。特别是化学活泼性较强的化合物要更加注意，它可能在采样线中与管道发生吸附作用或化学反应而丢失，也可能出现管道释放物进入采样器内等一些容易疏忽的问题。

3. 污染物在空气中存在的状态和浓度

气体和颗粒物在空气中的动力学特性差异很大，要针对不同状态的物质采用不同的采样器和采样方法。例如，采集气体时可使用吸附或吸收的方法；而颗粒物的粒径远大于气体分子的直径，其吸附性和溶解性很差，选择过滤法和撞击法能将其完全捕捉。另外，污染物的浓度也是必须要考虑的因素，有些化合物毒性很大，卫生标准限值浓度很低，要满足分析方法检测限的要求，必须加大采样体积。

4. 使用分析方法的类型

选用的分析方法检测限较高时，势必要增加采样体积，从而增加现场工作量。例如：用溶剂解吸法气相色谱测定挥发性有机物时，要求采样体积为 50L 左右，如果采样流量为 0.5L/min，采样时间要近两小时；而用热解吸法做样品前处理时，要求采样体积 <1L，采样时间几分钟即可。选用分光光度法测定时，最好配用液体吸收管采样；选用气相色谱法测定时，应该选用固体吸附剂采样。

（二）采样导则：采样点选择，采样时间、采样时机、采样体积的确定

现场采样设计（采样点数量、布置，采样时机，采样频率）直接影响测定结果和对现场的评价。不同标准规定了各自的现场采样规范。例如，室内空气质量标准规定，采样点数量应根据室内面积大小和现场情况而定，以能正确反映室内空气污染水平。原则上，小于 50m² 的房间设 1 ~ 3 个点；50 ~ 100m² 设 3 ~ 5 个点；100m³ 以上至少设 5 个点。在对角线上或梅花式均匀分布。采样点应避开

通风口，离墙壁距离应大于 0.5m。采样点高度与人的呼吸带高度一致，距离地面 0.5 ~ 1.5m。同时规定采样时间：日平均浓度至少采样 18 小时，8 小时平均浓度至少采样 6 小时，1 小时平均浓度至少采样 45 分钟。采样前关闭门窗 12 小时；采样时关闭门窗，至少采样 45 分钟。

公共场所卫生监督技术规范规定：布点应该考虑现场的平面布局和立体布局，高层建筑物的立体布点应有上、中、下三个监测平面，并分别在三个平面上布点。采样点应避开人流、通风道和通风口，并距离墙壁 1m 远。确定采样点时可用交叉布点、斜线布点或梅花布点方法。不同场所规定了各自的采样点数量，旅店业客房间数小于 10 间设 1 个采样点，大于 100 间按房间数的 1% ~ 5% 设点；文化娱乐场所中影剧院、音乐厅等按座位数设采样点数，≤ 300 座设 1 ~ 2 个点，≤ 500 座设 2 ~ 3 个点，≤ 1000 座设 3 ~ 4 个点，>1000 座设 5 个点；舞厅、酒吧等按面积设采样点数，≤ 50m² 设 1 个点，≤ 100m² 设 2 个点，≤ 200m² 设 3 个点，>200m² 设 3 ~ 5 个点；美发店等按座位数设采样点数，≤ 10 座设 1 个点，≤ 30 座设两个点，>30 座设 3 个点；商场、书店等按面积设采样点数，200 ~ 1000m² 设两个点，5000m² 设 4 个点，>5000m² 设 6 个点。

（三）空气流量计量，流量计使用与校准

空气采样准确的关键是空气体积的计量，其中时间计量的准确度是很高的，流量计量将成为重要的一环。目前，常用的流量计量器是转子流量计和质量流量计。本节以转子流量计作为重点，掌握转子流量计的使用和注意事项，以及校准转子流量计用的皂膜流量计使用。

1. 皂膜流量计应掌握以下几个方面

（1）皂膜计的校准。皂膜计定容刻度线间的容积应该预先用纯水重量法校准。

（2）皂膜计的流量测量与计算。记录皂膜通过皂膜计两条定容刻度间的时间，用式（2-1）计算气体的流量（此时测量的流量为环境温度和大气压下的流量）。

$$F=V/T \qquad (2-1)$$

式中：F——气体流过皂膜计的流量，mL/min；

V——皂膜计两条刻度线之间的容积，mL；

T——皂膜通过皂膜计两条刻度线间的时间，min。

（3）使用皂膜计的注意事项。用皂膜计测量气体流量的主要误差来源是时间测量误差。皂膜通过两条容积刻度线的时间不能太快，一般要 > 10s，或皂膜上升速度 < 4cm/s。另外，玻璃管壁的清洁也十分重要。如果管壁不干净，容易造成皂膜倾斜，使容积计量误差加大。

2. 转子流量计应掌握以下几个方面

（1）转子流量计的结构和影响流量计量的因素。对于同一流量计而言，影响转子高度与气体流量关系的因素是气体密度，也就是说，影响气体密度变化的因素（如温度、压力、气体种类）是影响转子高度与气体流量关系的主要因素。

（2）转子流量计的校准。用皂膜计校准转子流量计的方法和步骤。校准时要同时记录环境温度和大气压力，校准后绘制的校准曲线要注明校准时的温度和大气压；或校准到标准状况下的流量。

（3）转子流量计的使用。用转子流量计测量流量时，转子读数的位置应与校准时一致，一般以球形转子的横向直径作为读数线，锥形转子的锥形上缘作为读数线。

在采样系统中，转子流量计的位置应在抽气动力与采样器之间，流量调节阀应在流量计出口与抽气动力之间，绝不能置于流量计入口处，避免流量计内压力降低过大造成流量测量误差增加。

采样器阻力很大时，应记录采样器的阻力，以便对测量的流量做适当的修正。当采样器的阻力为 60mmHg 时，约有 4% 的误差。当现场温度与校准时的温度相差 20℃时，约有 3% 的误差；温差小于 20℃时可不做修正，大于 20℃时要做修正。

（四）空白采样管的概念

在采样过程中，要带 1 ~ 2 只采样器。该采样器除了不进行现场抽气或暴露采样外，使其经历了与采过样的采样器同样的全过程，并和采过样的采样器一起送实验室进行分析。加带空白采样器的目的是为了检查采样器在经历现场过程中是否受到外界污染；如果空白采样管空白值升高很多，说明确实受到污染，这次采样得到的数值是值得怀疑的，应该重复这次采样。

二、气态污染物采样方法

气态污染物采样方法包括直接收集空气样品、溶液吸收法、固体吸附剂吸附法以及无泵采样器的方法。

（一）直接取样法

本方法适用于空气中污染物的浓度高于分析方法检测限，同时该方法可直接分析空气样品。有些可携带仪器在现场即可测得浓度值；有些仪器不能带到现场，使用一些容器将空气收集，再带回实验室分析。直接采样的关键是保持空气样品"原样"不变，采样容器应该密封性好，选用的材料不能与被测物起化学反应，不能吸附被测物，也不能释放被测物和其他杂质。

1. 玻璃注射器

玻璃注射器适用于气体和低沸点蒸气采样。要选择气密性好、注射芯滑动自如的注射器，使用前要清洗干净。采样时要先用现场空气抽洗 3 次后，再抽取 50 ~ 100mL 空气。采样后密封入口，注射器要垂直放置送回实验室分析，确保注射器内略有正压，避免外界空气渗入，使浓度降低。该样品要在当天分析。

2. 铝塑夹层袋

铝塑夹层袋适用于采集不活泼气体（如一氧化碳、二氧化碳）。采样袋容积在 1 ~ 5L，要选择气密性好的袋子，使用前用清洁空气清洗干净。采样时用清洁玻璃注射器取现场空气注入袋中，采样后密封入口。样品要尽快分析，当天要分析完。

3. 真空瓶

真空瓶适用于气体和蒸气采样。不同容积的不锈钢真空瓶，内壁经过硅烷化处理，可以用于采集挥发性有机物，使用前用清洁空气清洗干净。采样前先抽真空，并记录瓶内残留压力。在现场用限流阀控制进气速度，待瓶内压力与外界压力平衡后，关闭进气阀，带回实验室。从瓶内取气分析可使瓶内压力减小，要做压力校正，否则，将造成较大误差。用玻璃真空瓶采样，要保证活塞的密封性；采样后，可以向瓶内直接加入吸收液吸收瓶内气体，然后分析吸收液。

（二）溶液吸收法

本法适用于配合化学分析法采集空气中气体和蒸气污染物。空气进入吸收管形成气泡上升，在空气泡通过吸收液上升过程，气泡内气体分子向气—液界面扩散，并迅速溶解到吸收液中或与吸收液起反应，如此吸收液连续将被采集物吸收。要提高溶液吸收法的采样效率，应该选用合适的吸收液；吸收液对被采集物要有较大溶解度或能迅速发生化学反应。此外，气泡直径越小，气泡在吸收液中停留时间越长，吸收效率越高。所以，吸收管喷口的直径、喷口与底的距离、吸收管的直径都有严格规定。

1. 气泡吸收管

气泡吸收管适用于采集气体和蒸气，不能采集气溶胶。这是因为颗粒物质量远大于气体分子，扩散速度远小于气体，在气泡上升过程中不能迅速扩散到气—液界面被吸收液完全吸收。采样时注意磨口不能漏气、不能有吸收液泡沫抽出，采样后用样品液洗涤进气管内壁3次再倒出分析。

2. 多孔板吸收管

多孔板吸收管适用于采集气体、蒸气和颗粒物与蒸气共存。空气穿过多孔玻璃筛板，同时产生许多细小的气泡，比气泡吸收管有更高的采样效率。空气通过弯曲的孔道，颗粒物因撞击作用而被采集，要求玻璃筛板孔隙合适并均匀，才能保证形成足够小的均匀气泡。新的采样管要经过挑选，选择气泡均匀、无特大气泡、筛板与玻璃管结合处不能有大气泡、抽气阻力小于（4～6）kPa的吸收管使用。采样时不能有泡沫抽出。洗涤时必须用水泵抽洗多孔筛板，才能把筛板内残留物彻底清除。

3. 冲击式吸收管

其管底是平的，它的喷口直径为1mm，喷口至底的距离为5mm，在规定的流量（3L/min）下，颗粒物在气流中的惯性使其冲向吸收管底，而被吸收液淹没，从而将颗粒物采集。用冲击式吸收管采集颗粒物，采样流量必须在3L/min。采样时磨口不能漏气。

吸收液选择要点是：溶液挥发性小，对被采集物溶解度大或化学反应速度快，被采集物在采样过程中稳定，易与分析方法衔接，易获得，价格便宜，等等。溶液吸收法多与分光光度法衔接，水溶液是首选的。

溶液吸收法采样效率评价方法是：串联2～3个吸收管采样，最后管的含量很低时（第一支管的5%以下），第一支管含量占几支管总量的百分数为第一支管的采样效率。

（三）固体吸附剂吸附法

本法适用于配合气相色谱分析法采集空气中气体和蒸气污染物。

将 0.1 ~ 0.5g 固体吸附剂装入内径 4 ~ 6mm、长 80 ~ 180mm 的玻璃管或不锈钢管中，预先经过高温氮气吹洗净化或其他活化处理后方可用于空气采样。当空气抽过吸附柱时，被采集组分吸附在吸附剂表面上，带回实验室后，用溶剂或加热的方法解吸，再进行分析。

1. 目前常用的吸附剂

（1）活性炭。它是非极性的，具有较强的吸附能力，适用于采集挥发性较大的有机化合物。采样后可以用溶剂解吸，用氢火焰离子化检测器气相色谱测定、选用二硫化碳解吸不仅具有较高的解吸效率，溶剂峰也较小。也可以用热解吸氢火焰离子化检测器气相色谱测定，在一般解吸温度下 200 ~ 300℃，挥发性较低的有机物（沸点高于 150 ~ 200℃），热解吸法解吸不完全。吸附管使用前要加热到 300 ~ 350℃，通氮气吹洗 10 ~ 20min，经检查本底值合格后方可用于采样。

（2）多孔高分子聚合物。它是疏水性的，空气湿度对吸附性能影响较小，热解吸时不会有过量水流出干扰气相色谱测定。常用的一种是叫 Tenax 的吸附剂，它的化学名称是聚 2，6- 二苯基对苯醚，它对低沸点有机物的吸附性不如活性炭，但对己烷以上的挥发性有机化合物具有良好的吸附和热解吸性能，配用热解吸气相色谱法得到广泛应用。使用前要加热到 280 ~ 300℃通氮气吹洗 10 ~ 20分钟，经检查本底值合格后，方可用于采样。

2. 吸附剂采样管的最大采样体积（也称穿透体积）的概念和测试方法

吸附剂采样管采样量是有限度的。空气抽入吸附剂管，被采物首先吸附在吸附管入口处的吸附剂表面上，吸附平衡后，逐渐向出口推进，最终出现漏出，所以采样体积以不出现漏出为限。当采样管流出气的浓度是流入气浓度的 5% 时，认为开始出现漏出，此时的采样体积称为穿透体积。测量穿透体积的方法是，用几支吸附剂采样管，在一定温度环境，以一定流量不同时间分别采样，记录采样体积，将采样后每支管的吸附剂分为前 2/3 和后 1/3 分别分析，计算后 1/3 部分中的含量占总含量的百分数。当这个百分数 ≥ 10% 时，视为出现漏出，此时的采样体积称为穿透体积，即最大采样体积。

影响穿透体积的因素有：吸附剂与被采物的亲和能力决定穿透体积，不同的有机物在不同的采样条件下，穿透体积相差很大。吸附剂吸附能力越强、吸附剂用量越多、被采物沸点越高，穿透体积越大。环境温度升高，穿透体积减小；采样流量越大，穿透体积越小；空气湿度高，对亲水性和极性化合物的穿透体积影响较大；化合物浓度对穿透体积的影响较复杂，在低浓度范围，穿透体积不受浓度影响，在高浓度范围，浓度升高穿透体积减小。空气中存在的共存物对被采物有竞争吸附作用，当共存物含量较高或与吸附剂亲和能力较强时，被采物的穿透体积减小。

3.吸附剂采样管采样后的样品处理

采样后将两端密封，低温保存，尽快送交实验室在规定时间内完成分析。

以溶剂解吸是将采过样的吸附剂倒入具塞小瓶中，加入 1mL 二硫化碳浸泡提取 1 小时，时常摇动，取 1mL 提取液做气相色谱分析。该方法进样量只占样品量的 1/1000，方法检测限升高，需要的采样体积增大。

热解吸是将采过样的吸附剂管连接到热解吸仪上，加热到一定温度，用气相色谱载气流将被吸附物解吸出来，进入色谱柱分析。该方法是全量分析，方法检测限比溶剂解吸低，需要的采样体积小，但是样品一次用光，不能重复做第二次分析。

无论是哪种解吸方法，都要选择合适的操作条件，使解吸回收率接近100%。这些条件包括解吸溶剂、解吸时间、热解吸温度、热解吸时间、解吸气流量等。

（四）无泵型气体采样器

利用气体静态扩散原理制成的无泵型气体采样器适用于长时间采样，得到时间加权平均浓度，是人体接触量调查常用的采样方法。

1.无泵型气体扩散采样器的原理

Fick 第一定律指出，当吸收介质对被采集物质的吸收速率足够快时，吸收介质表面浓度近似为零（$Cb=0$），DA/L 为常数项称之采样速率，采样量（M）与空气浓度（Ca）和时间（t）成正比。

2.影响采样速率的因素

化合物扩散系数（D）由化合物性质决定；采样器暴露面积（A）扩散路径

长度（L）是采样器的特性，改变采样器几何形状可以改变采样速率。

3. 采样容量、最大采样时间和最小采样时间的概念

随着采样量的不断增加，吸收介质表面浓度不再近似为零，采样量与空气浓度的正比关系出现较大的偏差，此时的采样量称为采样容量，此时的采样时间称为最大采样时间。采样器放入现场后，采样器内部的静态扩散需要短时间达到平衡，采样量与空气浓度的正比关系才会出现，静态扩散达到平衡需要的时间称为最小采样时间。

4. 样品的保存时间

采样后必须将采样器放入铝塑夹层袋中热压密封，才能阻止"继续采样"。保存时间取决于采样介质和被采集物质的性质。

三、颗粒物采样方法

颗粒物是以微小的颗粒分散在空气中，它具有某些独特的性质。如：颗粒物几何性质相似时，但其动力学特征会有很大差别；它在人体呼吸道内沉降的部位不同等。由此引入了许多描述颗粒物特征的概念和名词。

颗粒物采样方法包括过滤法、撞击法等方法。

（一）颗粒物粒径表示方法

1. 几何直径

几何直径是指颗粒在光学显微镜下，用测微尺测量的直径。它是颗粒物的表观特征。各类颗粒物的密度不同，即使几何直径相同的颗粒物，在空气中或呼吸道内的运动行为和沉降行为仍然不同。在研究颗粒物对人体健康影响时，几何直径的相关性较差。

2. 空气动力学当量直径

当颗粒物在静止空气中与某个密度为 $1g/cm^3$ 的球形颗粒具有相同的重力末速度时，把球形颗粒的直径定为该颗粒物的粒径。它是描述单个颗粒的惯性特征，空气动力学当量直径相等的颗粒物具有相同的空气动力特征。

3. 质量中值直径和几何标准差的定义和计算方法

将颗粒物按照空气动力学当量直径分级采样，将各粒径段分别称重，计算颗粒物总质量，按照粒径从小向大依次计算累积质量占总质量的百分数，用粒径对

累积质量百分数在对数概率坐标纸上绘图，取累积质量百分数50%对应的粒径称作质量中值直径。取累积质量百分数84.13%对应的粒径与质量中值直径之比称作几何标准差。质量中值直径是描述颗粒物总体的大小，几何标准差是描述颗粒物分散的程度。

（二）过滤法采样

湿气溶胶穿过滤料时，颗粒物被截留在滤料上而与空气分离。

（1）过滤法可采到全部颗粒物。颗粒物被滤料截留的机制包括机械阻挡、惯性沉降、扩散沉降和静电吸附等。

（2）常用滤料包括玻璃纤维滤纸、微孔滤膜、聚四氟乙烯滤膜等。

玻璃纤维滤纸具有过滤效率高、阻力适中、吸湿性小、金属本底值较高的性质。用它采集的样品适宜称重，也可以分析多环芳烃等有机成分，不宜分析金属成分。使用前要在500℃烘烤。

微孔滤膜成分是醋酸纤维素和硝酸纤维素，它具有金属本底值低、吸湿性大、阻力较高的性质，有不同孔径的规格，适用于分析颗粒物中金属成分。

聚四氟乙烯滤膜化学惰性大，样品在滤膜上稳定，但是此滤膜的价格高。

（3）选择采样滤料要考虑以下因素：机械强度高，抽气阻力适中，采样效率高，欲测元素的本底值低，吸湿性小，样品处理方法易与分析衔接，等等。

（4）室内外采样对过滤法采样装置的不同要求：流量要求、噪声要求、防风雨要求等。

（三）撞击法采样

撞击法采样是用于颗粒物分级采样，选择性采集可吸入颗粒物或某一粒径范围的颗粒物。

1.撞击式采样器截留的原理

在一定抽气流量下，颗粒物随气流进入采样器，不同粒径的颗粒具有不同的动量。当气流改变方向时，由于颗粒物的惯性而脱离气流，动量大于某一临界值的颗粒便会撞击在收集板上，被收集板截留。这种截留不是百分之百的，对不同粒径截留效率不同，它的特性可以用截留曲线表示，用粒径对截留百分数在对数概率坐标纸上绘图，取截留百分数50%对应的粒径称作截留粒径，取截留百分数 84.13% 对应的粒径与截留粒径之比称作几何标准差。将采样器入口设计成不同尺寸，使颗粒物具有不同的动量便可获得不同的截留粒径。

2. 用撞击式采样器采样时操作中应注意的事项

采样流量必须恒定在规定值。如果流量改变，颗粒物的动量随之改变，必然引起截留粒径的改变。收集板上涂一薄层油，避免颗粒反弹。收集板上的颗粒聚集较多，会影响截留性能，应该及时结束采样，取下采到的样品，清洗收集板。

3. 串级式撞击采样器样品分析结果的计算

将截留粒径不同的撞击器按照截留粒径大小串联构成串级式撞击采样器，它在采样过程中将颗粒物按照一定粒径范围分别采到各级上。分析时，将各级收集板的样品分别称重，用各级颗粒物的质量之和除以采样体积，计算空气中颗粒物总质量浓度。

（四）高压静电沉降法采样

采样器内有一针状电极，施加高电压产生电晕成电晕区，另有一直流电场作为收集区。抽气泵抽取空气先后穿过电晕区和收集区，气溶胶通过电晕区时，气体电离产生的带电粒子附着在颗粒物上，使颗粒物带电。带电颗粒物进入收集区，在电场作用下沉降在极性相反的收集极上。

高压静电沉降采样器收集效率高，无阻力，可以把样品采到不同介质上，供称量、成分分析、显微镜观察用。应特别注意的是：采样器内有高压电，绝不能用于易燃、易爆现场，以免发生危险。

四、颗粒物与蒸气共存采样方法

颗粒物与蒸气共存状态的化合物主要是高沸点的化合物，如农药、多环芳烃等。要用采集颗粒物或可吸入颗粒物的方法和采集蒸气的方法结合起来，才能完全将这类化合物采集下来。这些化合物在空气中浓度很低，用现有的分析方法需要较大的采样体积，因此多选用滤料（玻璃纤维滤纸）与聚氨酯泡沫塑料串联采样。常用的溶液吸收法由于它的采样流量很小，不能与滤料串联采样。浸渍试剂的滤料也可以选择性采集这类化合物，为了保证对蒸气收集完全，常加入甘油保持滤料表面潮湿，有利于被采集物与试剂反应。采样后，用洗涤、提取、浓缩等方法处理样品。有些化合物可以用冲击式吸收管采集。

五、样品运送、交接和保存

样品采集后至分析前，保证样品的安全和稳定是保证测量结果可靠的关键一环。

（1）每个样品从采样到结果报告必须始终用一个编号。现场记录要记在专用表格上，随样品一起送交实验室。

（2）不同样品需要根据各自方法的保存条件和保存时间执行，低温和避光是普遍要求的。液体样品要保存在4℃，滤料样品保存在低温冰箱。

（3）为保证样品运送的安全，接触样品的人越少越好，运送过程加封，完善的交接手续，收到样品后要有回执，等等措施是要遵守的。

第三节　空气中常见污染物测定方法

一、常见气体的测定

（一）一氧化碳

气体滤波相关红外线气体吸收一氧化碳分析仪。

室内空气中一氧化碳主要来自燃料燃烧不完全和吸烟。室内空气质量标准中规定一氧化碳浓度为 $10mg/m^3$，公共场所卫生标准中多数场所是 $10mg/m^3$ 和 $5mg/m^3$。

（1）原理。一氧化碳气体对 $4.6\mu m$ 红外线有选择性吸收；在合定浓度范围，吸光度与光路通过空间的气体质量呈正相关关系，由吸光度可定量测定一氧化碳含量。由于一氧化碳与二氧化碳的吸收峰相近，且二氧化碳浓度远大于一氧化碳单纯用 $4.6\mu m$ 滤光片，二氧化碳仍会有部分干扰，所以一氧化碳红外线气体吸收分析仪采用气体滤波相关技术。该技术是研究待测气体与共存其他气体的红外精细吸收光谱相比较的问题，它是利用一种充满高浓度待测气体的滤波室来实现的。仪器的光路流程与二氧化碳测定仪相似，切光器一半是充有纯氧化碳的滤波室，另一半是充有不吸收红外线的氮气室，切光器由慢速电机带动旋转，将红外线进行调制，氮气室经过光路时为测量光，一氧化碳滤波室经过光路时为参比光，使单光路变为时间上双光路；一氧化碳分析仪检测下限比二氧化碳分析仪低许多，气体光程需要更长，采用光路多次反射来降低检测下限。当吸收池中有一氧化碳，测量光强度降低，参比光不变，经过计算得到一氧化碳的浓度。

（2）检测下限。CO 的检测下限是 $0.2mg/m^3$。

（3）测量范围是：$0.2 \sim 37.5mg/m^3$。

（4）干扰与排除。一氧化碳红外线气体吸收分析仪采用气体滤波相关技术克服共存物二氧化碳等干扰；水蒸气在空气中含量较高，可干扰测定；空气中灰尘对光有吸收和散射作用而产生干扰。测量时，进气口前加滤膜和无水氯化钙干燥管去除干扰。

（5）校准。每次开启仪器要用零空气校准零点，用标准气校准刻度值。先接通电源，稳定 30 分钟，待仪器稳定后，将霍加拉特氧化剂（10 ~ 20 目）管连接仪器进气口和出气口，使净化管与仪器内气路连成回路。接通抽气泵，回路内空气多次流经氧化管去除一氧化碳（霍加拉特氧化剂主要成分是氧化锰和氧化铜，在室温条件下可以有效地将一氧化碳氧化成二氧化碳，吸湿后氧化效率下降），成为零空气。此时，调节仪器零点。关闭抽气泵，将氧化管取下，两端密封。将一氧化碳标准气经过减压阀、流量调节阀接到仪器入口，标准气浓度在量程的 80% 附近，通入标准气，仪器读数迅速上升超过标准气标称值，关闭标准气调节阀，截断气流，仪器读数回落至稳定，将仪器读数调至标准气标称值。反复做 2 ~ 3 次零点和刻度校准后，可进行测量。

（6）测量。仪器经过校准后，将装有滤膜和无水氯化钙的测杆接到仪器入口，接通抽气泵，将环境空气抽入，仪器直接显示空气浓度。如果同时多点采样，可用 1L 的铝塑复合薄膜采气袋采集现场空气（用现场空气洗采气袋 3 ~ 4 次），密封进气口后，带回实验室测量。将采气袋接到装有滤膜和无水氯化钙的仪器入口，接通抽气泵，仪器读数逐渐稳定，仪器显示值为一氧化碳浓度。

（7）注意。气体吸光度与光路通过空间的气体质量呈正相关关系，吸收池内气体压力改变，浓度读数相应变化，测量时必须保证吸收池内气体在常压。校准时，通入标准气使气体吸收池内压力增加，显示值偏高。截断气流后，气体从出口逐渐漏出，池内压力恢复常压，显示值稳定。

（二）二氧化碳

不分光红外线气体吸收二氧化碳分析。

大自然中有二氧化碳存在，它的含量在 0.03%。室内空气中二氧化碳主要来自人体呼吸和燃烧产物。它对人体无毒害作用，室内空气标准把二氧化碳作为空气新鲜程度的指标。室内空气质量标准中规定二氧化碳浓度为 0.1%，公共场所卫生标准中多数场所是 0.1% 和 0.15%，只有 3 ~ 5 星级宾馆是 0.07%。

（1）原理。二氧化碳气体对 4.3μm 红外线有选择性吸收；在特定浓度范围，吸光度与光路通过空间的气体质量呈正相关关系，由吸光度可定量测定二氧化碳含量。不分光红外线气体吸收二氧化碳分析仪由红外光源、切光器、气体吸收池和光敏测量元件等部件组成，切光器位于光源和吸收池之间，切光器上装有 4.3μm 和 3.9μm 两块滤光片。切光器由慢速电机带动旋转，两块滤光片轮流通过光路，将红外线进行调制，使单光路变为时间上双光路。4.3μm 滤光片通过时，光敏元件测量的是吸收值；3.9μm 滤光片通过时，测量的是参比值，两者相减，得到二氧化碳的浓度。

（2）检测下限。CO 的检测下限是 0.01%。

（3）测量范围是：0.01% ~ 0.5%。

（4）干扰与排除。不分光红外线气体吸收二氧化碳分析仪装有 4.3μm 滤光片，在该波长附近水蒸气和一氧化碳可以产生干扰，其他常见污染物不干扰测定。室内空气中一氧化碳浓度远低于二氧化碳，它的干扰忽略不计；水蒸气在空气中含量较高，可干扰测定；空气中灰尘对光有吸收和散射作用而产生干扰。测量时，进气口前加滤膜和无水氯化钙干燥管去除干扰。

（5）校准。每次开启仪器要用零空气校准零点，用标准气校准刻度值。先接通电源，稳定 30 分钟。待仪器稳定后，将钠石灰管或烧碱石棉管连接仪器进气口和出气口，使净化管与仪器内气路连成回路。接通抽气泵，回路内空气多次流经净化管去除二氧化碳，成为零空气。此时，调节仪器零点。关闭抽气泵，将净化管取下，两端密封。将二氧化碳标准气经过减压阀、流量调节阀接到仪器入口，标准气浓度在量程的 80% 附近，通入标准气，仪器读数迅速上升超过标准气标称值，关闭标准气调节阀，截断气流，仪器读数回落至稳定，将仪器读数调至标准气标称值。反复做 2 ~ 3 次零点和刻度校准后，可进行测量。

（6）测量。仪器经过校准后，将装有滤膜和无水氯化钙的测杆接到仪器入口，接通抽气泵，将环境空气抽入，仪器直接显示空气浓度。如果同时多点采样，可用 1L 的铝塑复合薄膜采气袋采集现场空气（用现场空气洗采气袋 3 ~ 4 次），密封进气口后，带回实验室测量。将采气袋接到装有滤膜和无水氯化钙的仪器入口，接通抽气泵，仪器读数逐渐稳定，仪器显示值为二氧化碳浓度。

（三）氮氧化物

盐酸萘乙二胺分光光度法。

空气中氮氧化物主要是二氧化氮和一氧化氮，汽车尾气是氮氧化物的重要来源，室内燃料气燃烧也产生氮氧化物。它是环境空气污染监测必测项目，对黏膜有刺激作用。室内空气质量标准中规定二氧化氮浓度为 $0.24mg/m^3$，公共场所卫生标准中无规定。

（1）原理。二氧化氮在水中形成亚硝酸，与对氨基苯磺酰胺进行重氮化反应，再与盐酸萘乙二胺形成玫瑰红色偶氮染料，比色定量测定。测定一氧化氮要在吸收管前加一个三氧化铬—石英砂氧化管，将一氧化氮氧化成二氧化氮，再进行测量。该方法的特点是采样和显色同时进行，采样时根据吸收液的颜色变化决定是否结束采样。

（2）检测下限是：$0.01\mu g/mL$。

（3）测量范围是：$0.01 ~ 0.7\mu g/mL$。

（4）干扰和去除。空气中臭氧浓度大于 $0.25mg/m^3$ 对该法有干扰，采样时应注意。用多孔玻板吸收管采样，在 $0.01 ~ 0.35mg/m^3$ 测量范围内，NO_2 转化为 NO_2^+ 的经验系数为 0.89。计算结果时，要做修正。

（5）采样。多孔玻板吸收管，采样时避免阳光照射。采样体积 5 ~ 10L。气泡吸收管采样效率低，不能采氮氧化物。测量氮氧化物时，将三氧化铬—石英砂氧化管接在两支多孔玻板吸收管之间，第一支管测量的是二氧化氮，经三氧化铬—石英砂氧化管氧化后的二氧化氮被第二支管吸收，第二支管测量的是一氧化氮。两者之和为氮氧化物。比色波长 540nm。

（四）二氧化硫

盐酸副玫瑰苯胺分光光度法。

二氧化硫主要来自煤和油料燃烧过程，含硫成分氧化产生。它是环境空气污染监测必测项目。对黏膜有刺激作用。室内空气质量标准中规定二氧化硫浓度为 $0.50mg/m^3$，公共场所卫生标准中无规定。

（1）原理。空气中二氧化硫被甲醛缓冲液吸收，生成稳定的羟基甲基磺酸。加碱后，与盐酸副玫瑰苯胺反应生成紫红色化合物，比色定量测定。甲醛缓冲液采样的优点是对低浓度二氧化硫吸收效率较高。

（2）检测下限是：1μg/10mL。

（3）测量范围是：1 ~ 20μg/10mL。比色波长 570nm。

（4）干扰和排除：氮氧化物、臭氧、一些重金属干扰测定。臭氧的干扰通过分析前放置 20 分钟使其分解；二氧化氮干扰加氨基磺酸钠去除；重金属干扰加 EDTA 钠盐和磷酸去除。为预防 Cr^{6+} 的干扰，全部玻璃仪器不得用铬酸洗液处理，可以用盐酸洗涤。

（5）采样：多孔玻板吸收管，采样体积 10L。

（五）氨

氨主要源于生物性废弃物，如尿、粪、汗等，理发店烫发水含有氨，北方冬季建筑施工用尿素作防冻剂有氨释放到室内。氨对眼睛有刺激作用。室内空气质量标准中规定氨浓度为 $0.2mg/m^3$，公共场所卫生标准中理发（美容）店是 $0.5mg/m^3$。

1.靛酚蓝分光光度法

靛酚蓝分光光度法灵敏度高，显色较稳定，干扰少，但对操作条件要求严格。蒸馏水和试剂空白值都要求很低，蒸馏水要预先用纳氏试剂检查合格再使用。

（1）原理。空气中氨吸收在稀硫酸中，在亚硝基铁氰化钠和次氯酸钠存在下，与水杨酸生成蓝绿色靛酚蓝染料，比色定量测定。

（2）检测下限是：0.2μg/10mL。

（3）测量范围是：0.5 ~ 10.0μg/10mL。

（4）比色波长：697nm。本法所测为氨与铵盐的总量。

（5）干扰和去除：三价铁、硫化物和有机物有干扰。加入柠檬酸钠可以消除常见的金属离子干扰；硫化物干扰可加入稀盐酸去除；甲醛可生成沉淀干扰测定，比色前用 0.1mol/L 盐酸将溶液调至 pH ≤ 2，经煮沸除去。

（6）采样。大型气泡吸收管。采样体积 10L。

2.纳氏试剂分光光度法

纳氏试剂分光光度法操作简单，但是灵敏度低，选择性差。纳氏试剂含有汞，毒性较大，避免与皮肤接触，废液不能随便丢弃。蒸馏水要预先用纳氏试剂检查合格再使用。

（1）原理。空气中氨吸收在稀硫酸中，与纳氏试剂反应生成黄色，比色定量测定。纳氏试剂是 $K_2[HgI_4]$。

（2）检测下限是：2μg/10mL。

（3）测量范围是：2 ~ 20μg/10mL。比色波长 420nm。

（4）干扰和去除。三价铁、硫化物和有机物有干扰。加入酒石酸钾钠可以消除常见的金属离子干扰；硫化氢容许量为 5μg，甲醛容许量为 2μg。黄色配合物在碱性情况下不稳定。

（5）采样。大型气泡吸收管。采样体积 20L。

（六）硫化氢

亚甲蓝分光光度法。

硫化氢是空气中常见的污染物，有臭鸡蛋的臭味。室内标准中无规定。

（1）原理。空气中硫化氢被碱性氢氧化镉悬浮液吸收形成硫化镉沉淀。吸收液中加入聚乙烯醇磷酸铵降低硫化镉的光分解作用。在硫酸溶液中与对氨基二甲基苯胺和三氯化铁反应生成亚甲基蓝，比色定量测定。

（2）检测下限是：0.2μg/10mL。

（3）测量范围是：0.2 ~ 4μg/10mL。比色波长 665nm。

（4）干扰和排除。二氧化硫浓度小于 $1mg/m^3$、二氧化氮浓度小于 $0.6mg/m^3$ 不干扰测定。显色后又加磷酸氢二钠的作用是排除三氯化铁的颜色。

（5）硫化钠在水溶液中极不稳定，标准溶液必须每次新配，标定后立即稀释做标准曲线。

采样：大型气泡吸收管。避光采样，采样体积 10 ～ 20L，采样时间不超过 1 小时。采样后样品也要置于暗处，6 小时内显色。

（七）臭氧

臭氧主要来自光化学烟雾，室内一些设备有高压放电或紫外灯也会产生臭氧。室内空气质量标准中规定臭氧浓度为 $0.16mg/m^3$，公共场所卫生标准中无规定。

1. 紫外线气体吸收臭氧分析仪

臭氧对 254nm 的紫外光选择性吸收，在一定浓度范围，吸光度与光路通过空间的气体质量呈正相关关系，由吸光度可定量测定臭氧含量。紫外线气体吸收臭氧分析仪的光路由紫外光源（产生 254nm 紫外光；含有的其他波长紫外光必须滤除，以防产生臭氧）、气体吸收池（内壁必须惰性，避免臭氧损失）和光检测器（光电管，对日光不敏感）等部件组成。该仪器是双光路，样品空气经过臭氧过滤器净化后作为零空气。零空气与样品气由电磁阀控制交替进入参比池和测量池进行测量。抽气泵位于气路末端，抽取空气流过分析仪。

（2）检测下限是：$0.002mg/m^3$。

（3）测量范围是：$0.002 ～ 2mg/m^3$。

（4）干扰和排除。少数有机物（如苯、苯胺）有干扰。颗粒物应该在气体入口用滤膜去除。

紫外线气体吸收臭氧分析仪必须用臭氧校准系统校准零点、量程和多点校准。

流过气体的管道必须是聚四氟乙烯管，减少臭氧的损失。

2. 靛蓝二磺酸钠分光光度法

（1）原理。空气中臭氧在磷酸盐缓冲液存在下，与吸收液中蓝色靛蓝二磺酸钠反应，生成靛红二磺酸钠而褪色，根据蓝色变化程度比色定量。

（2）检测下限是：$0.04\mu g/mL$。

（3）测量范围是：$0.04 ～ 1\mu g/mL$。比色波长 610nm。

（4）干扰和排除。二氧化氮产生正干扰，约为其质量浓度的 6%；二氧化硫高于 $0.75mg/m^3$，硫化氢高于 $0.11mg/m^3$，氟化氢高于 $0.0025mg/m^3$ 时干扰臭氧测定。

（5）采样。两只大型气泡吸收管串联。避光采样，采样体积20L。如果第一支管褪色60%，立即停止采样。

（八）甲醛

甲醛是室内空气主要污染物之一，源于装修材料人工板材、黏合剂等。接触甲醛首先感觉眼睛、喉咙等部位黏膜有强刺激感。室内空气质量标准中规定甲醛浓度为 $0.10mg/m^2$，公共场所卫生标准中多数场所是 $0.12mg/m^3$。

1.AHMT 分光光度法

AHMT 分光光度法是甲醛的特异方法，其他醛类、二氧化硫、氮氧化物不干扰测定。该方法灵敏度比较高，在室温下能显色。

（1）原理。甲醛在碱性条件下与 AHMT 试剂反应，经高碘酸钾氧化形成紫红色化合物，比色定量测定。AHMT 为 4- 氨基 -3- 联胺 -5- 巯基 -1，2，4- 三氮杂茂的英文字头缩写。

（2）检测下限是：$0.13μg/2mL$。

（3）测量范围是：$0.2 \sim 3.2μg/2mL$。比色波长550nm。甲醛标准液用36% ~ 38%甲醛试剂配制；用碘量法标定，掌握碘量法操作原理和注意事项。

（4）采样。体积20L。

2.酚试剂分光光度法

酚试剂分光光度法灵敏度很高，在室温下显色。

（1）原理。甲醛与酚试剂反应生成嗪，在酸性溶液中被高铁离子氧化成蓝绿色化合物，比色定量测定。酚试剂化学名为 3- 甲基 -2- 苯并噻唑啉酮腙盐酸盐水合物，简称 MBTH。

（2）检测下限是：$0.056μg/5mL$。

（3）测量范围是：$0.1 \sim 2.0μg/5mL$。比色波长630nm。

（4）干扰与排除。乙醛（>2μg）和丙醛也与酚试剂反应，此时测得的含量是以甲醛表示的总醛量。二氧化硫有干扰，用硫酸锰试纸预先过滤样品空气而排除。

甲醛易溶于水，但是吸收在纯水中不稳定，放置过程损失。用酚试剂做吸收液可以使甲醛在采样和放置过程中稳定24小时，样品要在24小时内分析。

甲醛与酚试剂显色反应的 pH 值范围是 3 ~ 7，最佳 pH 值范围 4 ~ 5。

室温低于 15℃ 显色不完全，20 ~ 35℃ 15 分钟显色完全，放置 4 小时稳定不变，最好在 25℃ 水浴操作。

甲醛与酚试剂显色反应中需要三价铁做氧化剂。本法选用硫酸铁铵。硫酸铁铵用量不宜过多，否则空白管吸光度增高。试验证明，0.4mL 1% 硫酸铁铵为好。

（5）采样。大型气泡吸收管。采样体积 10L。

二、挥发性有机物的测量

（一）苯、甲苯、二甲苯

这三种化合物常共存，在工业中作溶剂使用。室内空气中苯系物来自家用化学品中溶剂挥发，有机物燃烧产生。苯具有致癌作用。室内空气质量标准中规定：苯浓度为 0.11mg/m³，甲苯为 0.2mg/m³，二甲苯为 0.2mg/m。

1. 溶剂解吸—气相色谱法

（1）原理。空气中苯、甲苯、二甲苯用活性炭管采样，然后用二硫化碳提取，提取液用气相色谱—氢焰离子化检测器测定，保留时间定性，峰高或峰面积定量。

（2）检测下限是：1μg/mL（液体样品）。

（3）测量范围是：1 ~ 100μg/mL。

（4）采样。内径 4mm，长 150mm 玻璃管，内装 100mg 椰壳活性炭（20 ~ 40 目），两端用玻璃棉固定，于 350℃ 通用氮气将活性炭表面吸附的杂质吹洗干净，密封两端。带到现场采样。采样体积 20 ~ 25L。

（5）色谱柱。填充柱或石英毛细管柱都可以使用。

（6）校准曲线。用色谱纯苯、甲苯、二甲苯配制标准溶液，液体进样，分别绘出校准曲线。用非极性色谱柱的出峰次序为苯、甲苯、对二甲苯，邻二甲苯。

（7）样品分析。将采过样的活性炭倒入小样品管内，加 1mL 二硫化碳，盖紧管塞，放置 1 小时，时常摇动，取 1μL 样品液分析，操作条件与校准曲线相同。

二硫化碳溶剂有色谱杂峰时，要经过净化，重蒸馏后再用。

2. 热解吸—气相色谱法

（1）原理。空气中苯、甲苯、二甲苯用 TenaxTA 管采样，然后用载气高温下解吸，用气相色谱—氢焰离子化检测器测定，保留时间定性，峰高或峰面积定量。

（2）检测下限是：0.001μg。

（3）测量范围是：0.001 ～ 1μg。

（4）采样。采样管尺寸由配用的解吸仪决定，内装 200mgTenaxTA（40 ～ 60目），两端用玻璃棉固定，于 280 ～ 300℃通入氮气将吸附剂表面吸附的杂质吹洗干净，密封两端。带到现场采样，采样体积 ≤ 5L。

（5）色谱柱。填充柱或石英毛细管柱都可以使用。

（6）校准曲线。用色谱纯苯、甲苯、二甲苯配制标准溶液，将不同量标准液分别注入采样管，或者将已知量标准气通入采样管，然后放在解吸仪上分析，分别绘出校准曲线。

（7）样品分析。将采过样的采样管直接放在解吸仪上分析。

（二）卤代竖的气相色谱法

三氯乙烯、四氯乙烯的溶剂解吸—气相色谱法。

室内三氯乙烯、四氯乙烯常源于干洗剂。室内标准无规定。

分析方法采用溶剂解吸—气相色谱法（见苯、甲苯、二甲苯方法）。

（三）总挥发性有机化合物（TVOC）的气相色谱法——二次热解吸－气相色谱法或气相色谱—质谱联用

（1）原理。用 TenaxTA 吸附剂管采集空气中 TVOC，然后用热解吸仪经过的次热解吸，用毛细管柱气相色谱—氢焰离子化检测器检测，保留时间定性，峰高或峰面积定量。必要时用 GC–MS 定性定量。

（2）检测下限是：0.001μg（单个化合物）。

（3）测量范围是：0.001 ～ 1μg。

（4）色谱柱。TVOC 成分复杂必须用石英毛细管柱才能分离。

（5）热解吸仪（二次热解吸仪）。分析 TVOC 用毛细管柱，要求进样体积很小（< 1mL 气体），而从 TenaxTA 吸附剂管上完全解吸采到的 TVOC，即使在加热条件下，解吸体积也远远大于 1mL。采用二次热解吸的方法将两者匹配，把从 TenaxTA 吸附剂管上解吸的 TVOC 再经过一支在深冷状态的冷阱，冷阱内吸附剂

用量和（或）吸附能力都小于采样管。TVOC 完全转移到冷阱内，再将冷阱快速升温，同时通入载气，TVOC 浓缩在很小体积的载气中，注入毛细管色谱柱分离。此过程经过采样管加热解吸和冷阱加热解吸两步，所以称作二次热解吸。

（6）校准曲线。选择待定性定量的十几种室内常出现的挥发性有机物（包括苯系物、醇、醛、酮、酯、卤代烃等，视室内污染物种类而定），用其色谱纯试剂配制混合标准溶液。将不同量标准液分别注入采样管，或者将已知量各种标准气通入采样管，然后放在解吸仪上分析，分别绘出校准曲线。

（7）样品分析。将采过样的采样管直接放在解吸仪上分析，用色谱工作站分析处理结果。

（四）挥发性有机化合物（VOCs，Volatile Organic Compounds）和总挥发性有机化合物（TVOC，Total Volatile Organic Compounds）概念

VOCs 是挥发性有机化合物的缩写，TVOC 是总挥发性有机化合物的缩写。VOCs 不是一个化合物，而是一类化合物。不同组织对 VOCs 和 TVOC 有不同的定义，世界卫生组织根据物质的沸点范围定义 VOCs：VOCs 的沸点下限是50 ~ 100℃，沸点上限是 240 ~ 260℃。TVOC 是根据分析方法定义的（由欧盟提出）:（1）用非极性色谱柱分离;（2）TVOC 包括保留时间在正己烷至正十六烷之间的所有化合物;（3）从这些化合物中选出含量前十位的进行定性定量;（4）其他未做鉴定的组分以甲苯相应值计算含量;（5）将已鉴定组分含量和未鉴定组分含量相加，即为总挥发性有机化合物含量。

室内建筑材料和日用化学品会释放出多种有机化合物，虽然浓度很低，但是种类很多，长期接触对健康仍有影响。此外，TVOC 也是室内有机物污染的综合指标，室内空气质量标准中规定 TVOC 浓度为 $0.6mg/m^3$。

光离子化检测器可以直接测量空气中的挥发性有机物，对绝大多数挥发性有机物都有响应，灵敏度很高。它可以用来直接抽取空气，测定空气中挥发性有机物总量。但是，由于光离子化检测器对挥发性有机物的响应机制与氢焰离子化检测器不同，所以两种检测器对各个挥发性有机物的响应系数是不同的。光离子化检测器是利用一些化合物分子在高能紫外光照射下，电离产生正离子和电子，电离电流与电离室内气体含量呈正相关关系。常用的紫外光源是具有 10.6eV 的氪灯，分子电离能小于 10.6eV 的化合物都有响应，只有小分子有机物（如甲烷、

乙烷、乙烯、乙炔、丙烷、甲醇、甲醛、乙腈、丙腈、氯仿、氯乙烯、甲酸甲酯等）无响应。

直接测定气体样品、吸附剂采样溶剂解吸、吸附剂采样加热解吸。

三、总悬浮颗粒物和可吸入颗粒物——重量法

可吸入颗粒物易随人体呼吸进入呼吸道和肺部，对健康有影响。室内空气质量标准中规定可吸入颗粒物浓度为 $0.15mg/m^3$，公共场所卫生标准中不同场所分别是 $0.15mg/m^3$、$0.20mg/m^3$、$0.25mg/m^3$。

（1）原理。利用二级撞击式采样器在规定的流量下，将可吸入颗粒物从总悬浮颗粒物中分离，采集在滤膜上。称量滤膜上颗粒物重量，根据采样体积计算空气中浓度。

（2）检测下限是：0.01mg 或 0.1mg（天平感量）。

撞击式采样器必须严格按照采样器说明书规定的流量采样，才能确保正确的截留特征，采样量由采样时间调节。用感量 0.1mg 天平，采样体积 $5m^3$ 以上。该滤膜在采样前，必须在灯光或阳光下用肉眼检查滤膜有无针孔、皱褶；选择可靠的滤膜进行编号，取滤膜的镊子头要平滑。玻璃纤维滤膜使用前要经过 500℃烘烤。滤膜经过挑选、处理、编号后，在一定环境条件下，称量至恒重。然后，将每张滤膜装入一个袋内，带到现场过程滤膜不能折叠。现场安装滤膜要保证滤膜边缘不漏气。采样后，样品痕迹边缘清晰、整齐，则采样成功；否则，存在漏气，采样失败。采样后将滤膜对折，采样面向内放回原袋内。采样量不能过多，否则采到的颗粒会在操作过程中脱落。采样后的样品放在原来恒重的环境条件下平衡 24 小时，称量至恒重。

第四节　标准气配制

一、静态配气

配气容器可以是软容器（铝塑夹层袋），也可以是硬容器（大玻璃瓶、玻璃注射器），容器壁对标准气没有吸附、分解、渗漏等作用。

（一）塑料袋配气

铝塑夹层袋只能配制化学惰性气体标准气，如一氧化碳、二氧化碳等。配制前，要用清洁气体充分洗几次，并将袋内气体彻底排空，保证袋内是清洁的。

（二）注射器配气

玻璃注射器可以配制气体，也可以配制低沸点挥发性液体标准气。要选用密封性好、活塞抽动自如的注射器。首先吸取少量清洁稀释气（配气体积的10%～20%），然后注入原料气，抽动内芯，原料气被稀释，低沸点挥发性液体在抽动内芯过程同时挥发。用玻璃注射器配制的标准气不宜长时间保存，只能在使用前临时配制。使用时要垂直或倾斜放置，使腔内略呈正压，防止外界空气进入。

（三）大玻璃瓶配气

玻璃瓶做容器配制标准气时，要预先将大玻璃瓶内空气用清洁空气置换彻底，并使瓶内压力呈负压状态方可注入原料气。玻璃瓶容积是固定的，标准气取用后会产生压力降低或稀释影响。一个大瓶配气时，一边取气一边补充清洁空气，取气过程瓶内浓度呈指数衰减。

克服的措施有：玻璃瓶容积要足够大（10～20L），取气体积要小到使瓶内压力和浓度无明显降低；将 2 ~ 4 个同样浓度的大玻璃瓶串联，从第一个瓶内取气，最末瓶补充清洁空气，瓶内压力不会降低。由于各瓶间都是指数稀释过程，第一个瓶内浓度的下降速度减缓。

（四）静态配气方法的特点和适用范围，操作注意事项

将已知量纯气或已知浓度的气体加到一定体积清洁空气中，并混合均匀，称为静态配气。这种方法适用于化学性质不活泼的气体和低沸点液体蒸气，所用设备简单，操作容易，在用气量不多时可以采用。

（五）原料气的计量

用量气管或注射器量取一定体积纯气体或已知浓度气体；用称量法量取一定重量的易挥发液体；用微量注射器量取一定体积的易挥发液体。

（六）静态配气浓度的计算

气体直接稀释后，计算体积浓度和质量浓度。称量一定重量易挥发液体，稀释到一定体积后，计算质量浓度和体积浓度。液体质量与挥发后体积的关系受温度、压力的影响。

量取一定体积易挥发液体，其质量等于液体体积乘以液体密度，稀释到一定体积后，计算质量浓度和体积浓度。

二、动态配气

将原料气或释放源与清洁空气连续混合，控制原料气加入量或释放源的释放量以及清洁空气的流量，便可得到连续的稳定浓度标准气。

（一）渗透管法

1.渗透管的原理

将易挥发的纯液体装入渗透管，液体溶解渗透穿过塑料渗透膜而释放。在一定条件下渗透率保持恒定。

2.影响渗透速率的因素

温度升高，渗透率增加；渗透膜面积增加，渗透率增加；渗透膜厚度增加，

渗透率减小；管内气体或液体与渗透膜接触面积对渗透率无影响。操作时放渗透管的容器要放在恒温水浴中，控温精度为 ±0.1℃。

3. 渗透管渗透速率

要用重量法预先校准。将放渗透管的容器放在恒温水浴中，每天取出渗透管称量一次，其重量依次递减。待其下降斜率稳定后，计算单位时间释放的质量为渗透速率。

4. 渗透管配气装置

将放渗透管的容器放在恒温水浴中，从容器入口通入流量稳定的清洁稀释空气，从容器出口流出含有原料气的混合气。平衡一段时间后，流出气浓度可以稳定。配气装置的要求是：系统管道密封无外泄；稀释气流量长期保证稳定；恒温水浴控温精度为 ±0.1℃，并长期不变；稀释气进入容器内与渗透管释放的原料气要混合均匀，不得有短路现象。

（二）扩散管法

1. 扩散管原理

将挥发性的纯液体或固体装入扩散管，液体或固体蒸发穿过扩散毛细管而释放。在一定条件下扩散率可以保持恒定。

2. 影响扩散率的因素

温度升高，扩散率增加；扩散毛细管内径增加，扩散率增加；扩散毛细管长度增加，扩散率减小；管内液体量对扩散率无影响；扩散管在某一位置稳定后，改变放置位置对扩散率有影响；扩散毛细管内绝不能进入液体，否则扩散平衡破坏。操作时，扩散管要放在恒温水浴中，控温精度为 ±0.1℃。

3. 扩散管扩散速率

要用重量法预先校准。将放扩散管的容器放在恒温水浴中，每天取出扩散管称量一次，其重量依次递减。待其下降斜率稳定后，计算单位时间释放的质量为扩散速率。

4. 扩散管配气装置

将放扩散管的容器放在恒温水浴中，从容器入口通入流量稳定的清洁稀释空气，从容器出口流出含有原料气的混合气。平衡一段时间后，流出气浓度可以稳定。配气装置的要求是：系统管道密封无外泄；稀释气流量长期保证稳定；恒温

水浴控温精度为 ±0.1℃，并长期不变；稀释气进入容器内与扩散管释放的原料气要混合均匀，不得有短路现象。

（三）动态配气法的特点和适用范围

这种方法适用于气体和液体蒸气，需要一套完整的设备。配气开始后要有 24 小时以上稳定时间，其浓度才能稳定，此时系统管道的吸附等损失降至最低，可长期作为稳定的标准气源。所以，动态配气不宜临用时现配制，宜用于长期使用。

（四）动态配气的注意事项

动态配气对稀释气的要求是：清洁、干燥的惰性气体，流量一定要稳定。

第五节　气象参数测量

气象参数对人体不是危害指标。人们生活在这个环境中，它影响舒适程度，同时影响污染物存在状态、扩散以及空气采样的体积换算等。室内空气质量标准规定了这些参数的限值。空气采样同时要记录温度、大气压等参数。

一、空气温度

（一）摄氏温度和绝对温度

温度有多种表示方法，我国用摄氏度 T，单位是℃；绝对温度 K，单位是 K；它们之间关系是 $K=273+T$。

室内空气质量标准规定：夏季不高于 28℃，冬季不低于 16℃。公共场所针对不同场所有不同规定，其范围在 16～28℃。

测量气温监测点的确定：室内面积不足 16m²，测量中央 1 个点；室内面积

16m² 以上，不足 30m²，测量 2 个点（房间对角线 3 等分，2 个等分点做测点）；室内面积 30m² 以上，不足 60m²，测量 3 个点（房间对角线 4 等分，3 个等分点做测点）；室内面积 60m² 以上，测量 5 个点（房间两对角线上梅花设点）。测点离地面高度为 0.8 ~ 1.6m，距离墙壁和热源不小于 0.5m。

（二）温度的测量

1.玻璃液体温度计

（1）仪器。酒精或水银温度计，最小分度不大于 0.2℃。

（2）测量要点。测量时将温度计悬挂在支架上，距离墙壁 0.5m 以上；避免阳光和其他热辐射源直射；放置后平衡 5 ~ 10 分钟后读温度值，读数时迅速，免得人体热辐射和呼出气影响读数准确性。测量精度 ±0.5℃。温度计定期经计量部门检定。

2.数显式温度计法

（1）仪器。利用热敏电阻、铂电阻、热电偶等温度传感器，制成数字显示温度计，最小分度 0.1℃。

（2）测量要点。按照仪器说明书的操作步骤测量，测温探头置于测温点，测温点距离墙壁 0.5m 以上；避免阳光和其他热辐射源直射；温度计显示值稳定后方可读数。温度计定期经计量部门检定。

二、大气压

（一）测量单位之间换算

大气压是大气的重量对地球产生的压强，单位用 Pa 或 kPa 表示。在纬度 45° 的海平面，温度为 0℃时，大气压是 101325Pa，称作 1 个标准大气压。以前曾用 760mmHg 表示，它们之间的换算关系是 1kPa=0.75mmHg。

大气压无标准规定，测量大气压的目的是校正采样体积。

（二）大气压的测量——空盒气压计法

（1）仪器。空盒气压计由具有弹性的薄壁金属空盒构成，气压增高时盒盖内陷，气压降低时盒盖隆起，借助杠杆和齿轮的传动，从表面刻度盘上的指针指示大气压力。

（2）测量要点。空盒气压计带到现场，露出通气孔，用手指轻扣仪器几下，克服传动部件机械摩擦误差。待指针指示稳定后，读出大气压力值，同时读出附带温度计的温度。精度为 ±2kPa。空盒气压计应定期经计量部门检定。

三、空气湿度

（一）绝对湿度与相对湿度的概念

空气湿度有两种表示方法：绝对湿度和相对湿度。绝对湿度是指单位体积空气中含有水蒸气的绝对量，单位用质量浓度（g/m^3）表示或用水蒸气分压（kPa）表示；相对湿度是指空气中含有水蒸气的绝对含量与当时温度下的饱和水蒸气含量或饱和水蒸气压之比，用百分数表示，它表示空气中水蒸气的饱和程度。不同温度时饱和水蒸气压不同，即使空气中水蒸气的绝对含量相同，不同温度的相对湿度也不同；温度升高，相对湿度降低；温度下降，相对湿度升高。相对湿度影响水分蒸发速率，人体舒适感与相对湿度有密切关系，人体感觉舒适的相对湿度范围是 35% ~ 65%。

室内空气质量标准规定：夏季不高于 80%，冬季不低于 30%。公共场所针对不同场所有不同规定，其范围在 40% ~ 80%。

（二）湿度的测量

（1）仪器。由两支完全相同的玻璃温度计组成，其中一支测定当时温度，称作干球温度；另一支感温球部包上浸湿的纱布，纱布上水分蒸发，吸收热量，温度计指示温度下降，称作湿球温度。纱布上水分蒸发速率受环境相对湿度影响，相对湿度越小（空气越干燥），蒸发速率越快，湿球温度下降越多。由干、湿球两者温度之差及干球温度计算当时的空气相对湿度。水分蒸发速率还受风速的影响。通风干湿表将两支温度计装在金属风管中，仪器装有机械的或电动的抽风机，以 3m/s 的风速吸取环境空气进入风管，流经两支温度计，使相对湿度测量是在相同风速下进行的，从而克服了环境风速对湿球温度的影响，提高了准确度和精密度。温度计最小分度不大于 0.2℃，测量范围 10% ~ 100%，测量精度 ±3%。

（2）测量要点。用吸管取蒸馏水滴入湿球温度计套管内湿润纱布，启动抽风机，通风 5 分钟后读取干球和湿球温度，用公式计算或查表即可得出空气相对湿度值。通风干湿表应定期经计量部门检定。

四、空气流速

（一）流量与流速的关系

空气流速是指单位时间内空气在水平方向移动的距离，单位用 m/s 表示。流量是单位时间流过的体积，单位用 m^3/h 或 L/min 表示，流量等于流速乘以截面积。

室内空气质量标准规定：夏季 0.3m/s，冬季 0.2m/s。公共场所针对不同场所有不同规定，多数是 0.3m/s 和 0.5m/s。

（二）流速的测量——热球式电风速计法

（1）仪器。热球式电风速计的测头由装在一起的热电偶和加热镍铬丝圈组成，给一定电流流过加热丝，热球温度升高。当空气流过热球时，风速大，带走热量多，热球温度升高少；风速小，带走热量少，热球温度升高多。用热电偶测量温度的改变，与风速有定量关系。测量范围为 0.01 ~ 20m/s。误差不大于满量程的 5%。

（2）测量要点。按照仪器说明书操作，把测杆接到仪器上，调整"零点"，将仪器放在测风速的位置，使测头露出。测头上红点对准风向，直接读出风速值。热球式测头是有方向性的，测量方向偏离 5° 时，指示误差不大于指示值的 ±5%。热球式电风速计应定期经计量部门检定。

五、新风量

（一）新风量概念

新风量是指在门窗关闭状态下，单位时间由空调系统通道、房间的缝隙进入室内的空气总量。单位用 m/h 表示。

室内空气质量标准规定为 30m³/（h·人）。公共场所针对不同场所有不同规定，范围是 10 ~ 30m³/（h·人）。

（二）测量方法和计算——示踪气体法

（1）原理。向待测室内释放适量的示踪气体。由于室内外空气交换，示踪气体的浓度呈指数衰减，根据衰减速率计算新风量。

（2）测量要点。测量新风量应尽量减少室内用具，否则增加测量误差。测量前，测量计算室内净容积，室内净容积等于室内容积减去室内用品总体积。

选择示踪气体（SF_6、CO、CO_2）和相应的测定方法，测定方法能测量瞬时浓度值。SF_6用卤素测定仪，CO、CO_2用红外线吸收气体分析仪。按照仪器说明书调整仪器，使其在正常测量状态。

关闭门窗，向室内释放适量示踪气体，同时用风扇搅动混合，移去释放源，风扇继续搅动3～5分钟，使浓度均匀。按照对角线或梅花布点采样测定，取平均值作为室内平均浓度。每5分钟测量一次，共测量30分钟，观察浓度随时间的衰减。

第三章 理化检验技术

第一节 化妆品检验基本技术

一、绪论

（一）化妆品的定义

化妆品是以涂喷洒或其他类似方法，施于人体表面任何部位（皮肤、毛发、指甲、口唇、口腔黏膜等），以达到清洁、消除不良气味、护肤、美容和修饰目的的产品。

（二）化妆品的分类及检验要求

按用途进行分类，化妆品分为两大类：一般用途化妆品和特殊用途化妆品。特殊用途化妆品又分为育发类、染发类、烫发类、脱毛类、健美类、除臭类、祛斑类和防晒类。

（三）化妆品检验结果的判定

影响结果判定的因素。

1.方法的检出限和定量下限检验

方法的检出限和定量下限决定了检验数据的意义。测定结果如低于方法检出限应视为未检出；测定结果在方法检出限与定量下限之间应视为样品中含有被检物，但不能给出确切的定量结果；测定结果大于方法定量下限时，测定数据才有定量的意义。

检出限是重复测定试剂空白或低浓度标准溶液所得结果值的标准偏差的 3 倍，而定量下限为多次测定值的标准偏差的 10 倍；根据实验的取样量和操作步骤，代入检出限或定量下限，即可计算出方法的检出浓度和定量浓度。规范给出了方法的这些参数，但每个实验室必须根据本实验室的实验条件求得自己的参数并加以应用。

2. 检验方法的精密度

精密度是评定同一试样多次测定所得数据之间的离散程度（或一致性），用多次测定的相对标准偏差或平均值加标准偏差表示。检验人员每次出的检验报告，必须是平行样品测定的结果。不可只凭单样的检验结果来判定检样是否合格。假如测定结果是在限量的附近，应重复进行测定。只有当 3 次测定的平均值大于标准规定的限量与方法的标准差之和时，方可判为阳性结果。

3. 检验结果的准确度

准确度是评定测定结果与其真实含量之间的接近程度，用误差或相对误差表示。判断检验结果是否正确的最好方法是与样品分析的同时，分析已具有准确含量的、基体相似的标准物质或质控样品的盲样。对不具备标准物质或质控样的检验项目，也可采用加标回收法。

4. 方法的干扰和不足

除少量已被公认的权威方法外，任何方法，包括标准检验方法，都有受到某种特定物质的干扰而产生假阳性或假阴性结果的可能性。例如，色谱法是利用保留时间 Rf 值进行定性，当后续的检测器对被检成分不具特异性时，（气相色谱法的氢火焰等检测器和高效液相色谱法的紫外检测器等）本身就蕴涵着特异性差的特点。为防止是假阳性的结果，应在获得阳性结果后，尽可能使用以下手段进行鉴别（按判别能力递减的顺序排列）：（1）质谱法；（2）取分离的成分进行光谱学鉴定 CNMR、UV、荧光光谱等；（3）改变色谱柱的极性或流动相的成分。

（四）化妆品产品的取样

化妆品产品的取样过程应尽可能顾及样品的代表性和均匀性，以便分析结果能正确反映化妆品的质量。

1. 液体样品

液体样品主要是指油溶液、醇溶液、水溶液组成的化妆水、润肤液等。打开前应剧烈振摇容器，取出待分析样品后封闭容器。

2. 半流体样品

半流体样品主要是指霜、蜜、凝胶类产品。细颈容器内的样品取样时，应弃去至少 1cm 最初移出样品；挤出所需样品量，立刻封闭容器。广口容器内的样品取样时，应刮弃表面层，取出所需样品后立刻封闭容器。

3. 固体样品

固体样品主要是指粉蜜、粉饼、口红等。其中，粉蜜类样品在打开前应猛烈地振摇，移去测试部分。粉饼和口红类样品应刮弃表面层后取样。

4. 其他剂型样品

其他剂型样品，可根据取样原则采用适当的方法进行取样。

二、一般化妆品检验

（一）汞的测定

1. 检测意义和有关规定

汞是剧毒物。汞及其化合物都具有不同程度的毒性。汞、无机汞和有机汞化合物都可经皮吸收。"规范"规定，除眼部化妆品（如眼影）可使用 0.007%（以汞计）的硫柳汞之外，化妆品中禁止使用任何汞化合物。作为原料杂质引入的汞，其总量不得超过 1mg/kg。

2. 无火焰冷原子吸收法

（1）方法。样品经消解使汞呈汞离子后，氯化亚锡的酸性溶液将汞转化为元素态的汞，被载气带入测汞仪。汞蒸气对波长 253.7nm 的紫外光具特征吸收。实验环境中苯、甲苯、氨水、丙酮、氮氧化物对波长 253.7nm 的紫外光有吸收，应避免引起干扰。

（2）测定中的注意事项。①一般注意事项。a. 降低空白。空白来源有：分析用试剂本身含汞；开启过的试剂可因室内空气的污染，导致空白值变高；器皿的汞玷污，要求所用的器皿均需用适当浓度的 HNO_3 浸泡处理。b. 减少汞的损失。仪器内与汞接触的部件不能使用带有金属的制品，如果隔膜泵内的固定螺丝等有暴露出来的地方，应该在其表面涂上火棉胶液或环氧树脂类黏接剂。测汞装置中汞通路的材料，比如干燥用的吸收管、连接各部件的软管是否吸收汞，并要防止连接各部件的软管老化而产生泄漏。②试剂。氯化亚锡溶液在酸浓度降低时会出现水解，产生沉淀。在配制氯化亚锡时，应先加浓盐酸使固体溶解；必要时可在通风柜中加热以加速溶解，然后再以水稀释。若出现白色氢氧化锡时，可在溶液中加数颗锡粒，然后加热煮沸呈透明。稀的汞溶液在放置时其浓度将降低。原因为容器壁的吸附及汞蒸气的挥发。因此，应配制成高浓度汞溶液（100μg/mL 以上）保存，使用时再稀释到合适的浓度并立即使用。在配制时使用重铬酸钾—硝酸溶液稀释、定容。重铬酸钾—硝酸的最终浓度分别约为 0.05% 和 5%。③湿式回流消解法。粉类化妆品含有碳酸盐，与酸反应会产生大量的二氧化碳气体；应先将水加入样品再缓慢加入酸，以防飞溅。样品含有大量乙醇时，应先将有机溶剂挥发近干；但要避免在剧烈沸腾状态下挥发，也不得干涸，以防止汞损失。为此，可预先加入少量 10% 的硝酸溶液。方法中规定"加入 30mL HNO_3、5mL 水后再加 5mL 硫酸"，此处加入 5mL 水的目的是降低体系硝基化产物的生成，也可防止样品的碳化。回流消解 2 小时，样品溶液不一定为无色，但消解液不应呈黑褐色（有碳粒存在），或有大量固形物存在。消解结束时从冷凝管上口注入 10mL 水以冲洗在回流冷凝情况下附于冷凝管上的汞。加入水后，卸除冷凝管，煮沸，以赶除氮氧化物。如果消化液中含有氮氧化物，因其对紫外光有吸收，可使结果偏高。样品中的蜡质、油脂可在冷却后过滤除去。④湿式催化消解法。湿式消解法所使用的催化剂 V_2O_5 理论上不起反应，但在消化过程中，化妆品中成分可以把 V^{5+} 还原为 V^{4+} 和 V^{3+}，所以消解液最终颜色可能是绿色，也可能带红色。在硝酸耗尽时样品液会有碳化现象出现。应在出现碳化前补加硝酸。在碳化的还原状态下，样品中汞可能被还原为元素汞而挥发损失。消解完毕后，应加水赶除氮氧化物。⑤浸提法。浸提法是利用 HNO_3 和 H_2O_2 对样品中的有机物进行部分分解后，将样品中汞溶解、浸提出来。本法不能将有机物降解为无机物，因此浸提法可能不适用于含有蜡质的样品，如口红、发蜡、眉笔、睫毛油、眼影等。⑥测定。样品液中的汞，其稳定性经常是优于标准溶液中的汞。但也要在尽量短的时间内完成测定。样品经预处理后，溶液中仍剩余部分氧化性物质，如硝酸和过氧化氢，这些物质的氧化性比 Hg^{2+} 强，所以加入 $SnCl_2$ 后将首先和它们反应，可能影响 Hg^{2+} 还原为 Hg^0，使测定结果偏低。故而，在加

入 $SnCl_2$ 之前，预先加入盐酸羟胺，分解剩余的氧化剂。

汞浓度高时，标准曲线有弯曲的倾向。当待测试样的汞含量偏离标准曲线的直线部分时，应减少试样量，使之保持在直线范围内。否则，应减少此浓度段标准曲线的浓度的间隔，而后根据绘制的标准曲线图读取其含量。

3.原子荧光法

（1）方法。样品经消解处理后，样品中汞离子被溶出。汞离子与硼氢化钾反应生成原子态汞，由载气（氩气）带入原子化器中，在特制汞空心阴极灯照射下，基态汞原子被激发至高能态，去活化回到基态后发射出特征波长的荧光。在一定浓度范围内，其强度与汞含量成正比，与标准系列比较定量。

（2）测定中的注意事项（见冷原子吸收法）。①仪器参数。仪器的灯电流、光电倍增管负高压、载气（氩）流量、原子化器的高度和温度，以及氢化发生器中硼氢化钠溶液与样品液的体积比等参数均与分析灵敏度有关。②样品预处理。

（二）砷的测定

1.检测意义和有关规定

砷及砷化合物的毒性很大，其毒性与化学形态有关。长期使用含砷高的化妆品可造成皮肤角质化和色素沉着，严重者可患皮肤癌；规定砷及砷化合物不得作为化妆品的原料。鉴于所使用的原料，特别是无机原料，往往含有砷化合物杂质。《化妆品卫生标准》规定，作为杂质，化妆品中砷的总含量不得大于 $10mg/kg$。

2.新银盐分光光度法

（1）方法。样品经灰化或消解使化妆品中砷变成砷离子，在碘化钾和氯化亚锡的作用下，五价砷被还原为三价砷，再与新生态氢生成砷化氢气体，通过醋酸铅棉去除硫化氢干扰。然后与含有聚乙烯醇、乙醇的硝酸银溶液作用生成黄色胶态银。

（2）测定中的注意事项。①试剂聚乙烯醇溶液的配制对分散效果有很大影响。配制时，聚乙烯醇应缓慢加入沸水中并不断搅拌，避免固体聚乙烯醇沉在杯底受热熔化，使分散能力降低。当固体聚乙烯醇全部溶解后，继续保持微沸 10 分钟，自然冷却。聚乙烯醇溶液不能与乙醇直接混合，否则将出现白色絮状沉淀。配制时应按固定顺序加入：聚乙烯醇溶液与硝酸—硝酸银溶液混匀后加入乙醇，三种试剂的体积比为 1 : 1 : 2。吸收液在 4 小时内使用。②样品预处理。HNO$_3$–H$_2$SO$_4$ 湿式消解法。在样品消解过程中，样品如果碳化，会造成砷的损失。样品消解后必须将硝酸全部清除，因氮氧化物对砷还原反应产生强烈干扰。判断硝酸是否完全赶出，可用番木鳖碱 – 硫酸粉糊来检验。例如，蒸气中含有硝酸，粉糊将变为黄褐色或淡黄色。干灰化时加入灰化助剂 Mg（NO$_3$）$_2$ 和 MgO。在加热过程中，砷和镁形成不挥发性焦砷酸镁以固定砷。消解含油脂和蜡质较多的试样，由于样品具有憎水性，灰化助剂应使用固体粉末以有利于充分混匀，否则结果偏低。③测定。酸度对砷化氢的生成影响较大。硫酸浓度低于 0.8mol/L 时，锌粒与酸作用缓慢，不能使砷完全变成砷化氢逸出；大于 2mol/L 时，锌粒与酸反应剧烈，并伴有硫化氢气体产生，干扰测定。此外，试液中如硫酸的浓度过高，加入碘化钾和氯化亚锡试剂时，将生成红色鳞片状锡的碘化物沉淀。遇此情况，可加水稀释，降低酸浓度，待沉淀溶解后再继续分析。当银、铬、钴、铅低于 100mg/L，镍、硒低于 50mg/L，铋低于 20mg/L，锑、汞低于 5mg/L 时对砷的测定无干扰。

3. 原子荧光法

（1）方法。试样经预处理后，样液中的 As^{5+} 在酸性条件下被硫脲—抗坏血酸还原为三价砷，然后与新生态氢反应生成气态的砷化氢；后者在石英管炉中受热分解为原子态砷，在砷空心阴极灯的激发下，产生原子荧光，其荧光强度与砷含量成正比。

（2）测定中的注意事项。①仪器参数。仪器的灯电流、光电倍增管负高压、载气（氩）流量、原子化器的高度和温度，以及氢化发生器的硼氢化钠、盐酸、硫脲—抗坏血酸混合溶液浓度等参数均与分析灵敏度有关。其中，灯电流和光电倍增管负高压的变化对测定灵敏度影响最明显。②样品预处理（参见砷的分光光度法）。③测定。五价砷还原为三价砷以及生成砷化氢，均要在酸性介质中反应。介质中酸的种类不同，并不影响结果。同时，测定湿法消解及干灰化法消解的样品溶液时，可以使用任一种酸作介质的校准曲线。砷化氢的生成反应中酸度与荧光强度有一定关系。酸度在 0.72 ~ 2.1mol/L 范围内不影响砷的测定结果。在化妆品中可能存在的元素汞、铋、钙、镁、锌、铁、铅、镉、锑、锡、硒等离子中，除铋、锡和锑外均对砷测定的荧光值有干扰（荧光强度改变 > ±10% 为干扰）。加入 2mL 硫脲—抗坏血酸混合溶液后可消除干扰。

4. 氢化物发生原子吸收法

（1）方法。消解液中的砷在酸性条件下被碘化钾—抗坏血酸还原为 As^{3+}，然后被硼氢化钠与酸作用所产生的新生态氢还原为砷化氢，在被加热的"T"形石英管中被原子化为基态砷。基态砷原子吸收砷空心阴极灯发射的 197.3nm 特征谱线。其吸光度与砷含量成正比。

（2）测定中的注意事项。①仪器参数。仪器的灯电流、光电倍增管负高压、载气（氩）流量、原子化燃气组成，以及氢化发生器的硼氢化钠浓度和酸度等参数与分析灵敏度有关。②测定硼氢化钠用量与氢化物发生装置、酸浓度等因素有关。硼氢化钠用量不足时，砷还原不完全；用量过大，产生过量氢气使氢化物稀释，导致灵敏度下降。当盐酸浓度为 5% ~ 20% 时，试验过程中引入的硝酸、硫酸对吸光度无影响。空气在远紫外区有强吸收，不宜做载气。载气流量影响结果：流量较低时，灵敏度较低，有拖尾现象。流量较高时，由于载气的稀释作用使灵敏度降低。本实验条件下，化妆品中正常含有的金属离子不会产生干扰。

（三）甲醇的测定

1. 检测意义和有关规定

甲醇经呼吸道和胃肠道吸收，皮肤也可部分吸收。甲醇主要作用于中枢神经系统，可引起脑水肿和眼睛失明，毒性较强，是规定的限用物质。其含量不得大于 0.2%。

2. 气相色谱法

（1）方法。样品经蒸馏法或气—液平衡法预处理，或直接用 75% 乙醇稀释处理，注入气相色谱仪。经色谱柱分离后，以保留时间定性，氢火焰鉴定器的响应值（峰高）定量。

（2）测定中的注意事项。①仪器。如果发胶样品使用二甲醚为推动剂时，必须使用涂有 25% 的聚乙二醇 1540（或 1500）的 GDX-102 担体的色谱柱。在此实验条件下，甲醇与二甲醚能很好分离。②样品预处理。发胶类化妆品必须采用蒸馏法预处理样品。气—液平衡法处理样品的原理是基于在一定温度下，经一定时间后，待测组分在密封瓶中的气相和液相之间进行分配并达到动态平衡，两相中的浓度符合关系式 $C_G=C_L/(k+\beta)$。若分配系数 K 和气、液体积比 β 值一定时，由气相浓度 C_G 可求出液相中的浓度 C_L、C_G 和 C_L 成比例关系。由公式可知气相中的浓度取决于 β 值，β 值越小，气相中甲醇浓度越大。增加液相体积，减小气相体积可使 β 值变小。因此，必须严格控制实验条件和平衡温度，温度应恒定在 $\pm 0.5℃$ 之内。低黏度非发胶类化妆品，如含有乙醇的化妆水及香水等样品，成分比较简单，经试验没有干扰甲醇测定的挥发性有机物，可直接取样进行测定。

三、特殊化妆品检验

（一）pH 的测定

1. 检测意义和有关规定

化妆品的 pH 不仅影响皮肤、毛发的健康和安全，也是影响化妆品某些功能（如脱毛、烫发等）的因素。pH 如过酸或过碱性，将影响化妆品功效的正常发挥，还可导致刺激性皮炎、斑疹、毛发损伤等不良影响。故而，一般对化妆品的 pH 范围都有具体限量要求。化妆品卫生规范对某些化妆品的 pH 和（或）巯基乙酸含量的规定是：测定化妆品 pH 可以评价产品的质量变化和安全性。特别是直接用于皮肤和毛发的化妆品。由于化妆品往往本身有颜色，在水中的溶解性不佳，且组分复杂，故不宜使用比色法。

2. 电位计法

（1）方法。以玻璃电极为指示电极，饱和甘汞电极为参比电极，插入被测溶液组成电池。产生的电位差与被测溶液的 pH 有关。经标准 pH 溶液校准后，在仪器上直接读出 pH 值。

（2）测定中注意事项。①试剂。制备 pH 标准溶液和样品的稀释水应是 25℃时电阻率大于 $0.5M\Omega \cdot cm$ 的去离子水，可从混合柱去离子器出口直接取水使用或用经煮沸 15min 以除去二氧化碳的蒸馏水。缓冲溶液应贮存于聚乙烯瓶中。由磷酸盐、硼酸盐、碳酸盐制备的中性到碱性 pH 范围的缓冲溶液，对大气中的二氧化碳特别敏感，所以应注意密封保存。有机酸及有机碱的缓冲溶液，在一般条件下贮存数周后容易长霉，磷酸盐缓冲溶液容易出现沉淀，遇此情况应弃去重配。新配制的缓冲溶液在通常情况下可稳定两个月左右。②测定。校正仪器的缓冲溶液用后应弃去，切不可再倒回原装的瓶内。新购的玻璃电极在使用前，必须在蒸馏水中浸泡 24 小时以上。每次使用后，仍需浸入水中保存。这是由于水合作用推动了离子在玻璃膜中的扩散。在水化凝胶层中，单价阳离子的扩散系数约为干玻璃的1000倍。因此，玻璃膜的表面必须经过水合才能显示良好的pH电极功能。玻璃电极的膜非常薄，易破碎损坏。玻璃电极的使用温度一般为0 ~ 50℃，在较低的温度下，由于内阻增大使测定困难。通常玻璃电极测定的pH值范围为0 ~ 10。当pH值大于10时，钠玻璃电极给出的pH值比实际数值偏低，这种现象称为"碱差"，是由于碱金属离子也在玻璃膜上交换而产生电位响应。在强碱性溶液中，氢离子活度很小，致使这种响应显著；可采用锂玻璃电极。使用饱和甘汞电极时应注意：使用前应将电极侧管口和接液部（电极头）的小橡皮塞（帽）取下，使电极套管内的KCL溶液与大气相通；KCL溶液中要有固体KCL存在；所有的气泡必须从甘汞电极的表面或接液部位排除掉，否则会引起测量回路断路或读数不稳定。温度对pH测量值有影响，测定时注意样品溶液和pH标准液的温度一致。

（二）镉的测定

1.检测意义和有关规定

镉及镉化合物都有毒性。长期接触会引起高血压、心脏扩张和早产儿死亡，并导致骨质疏松和骨骼变形。

2.火焰原子吸收分光光度法

（1）方法。参见铅的火焰原子吸收分光光度法。

（2）测定中的注意事项。①样品预处理（参见铅的火焰原子吸收分光光度法）。②测定（参见铅的火焰原子吸收分光光度法）。在0.75mol/L盐酸溶液中含0.5mg/kg Cd，如Zn、Fe的含量为Cd含量的100倍以下，不产生干扰。高浓度的Zn、Fe因产生背景吸收，使Cd测定结果偏高，需采用背景校正。

（三）甲醛的测定

1.检测意义

甲醛对皮肤、眼睛、呼吸器官有刺激作用。低浓度的甲醛就可引起过敏性接触皮炎。我国化妆品卫生标准规定：甲醛为限用物质，游离甲醛的浓度不得大于0.2%。

测定甲醛的方法选用乙酰丙酮分光光度法。但甲苯磺酰胺树脂对本法有干扰，因此本标准检验方法仅适用于非指甲油类化妆品中甲醛的测定。

2. 乙酰丙酮分光光度法

（1）方法。在过量铵盐存在下，甲醛与乙酰丙酮和氨作用生成黄色的 3，5- 二乙酰基 1，4- 二氢卢剔啶，根据颜色深浅比色定量。

（2）操作注意事项。①甲醛标准储备溶液可在冰箱中保存 3 个月。甲醛标准溶液不稳定，临用前需准确标定其浓度后再稀释使用。甲醛标准使用溶液应临用时配制。②由于化妆品中往往含有某些易受热分解并产生微量甲醛的表面活性剂，使测定结果虚假地高，所以水浴温度应严格控制。③为保证测定结果的准确性，样品溶液中甲醛的含量应与标准溶液中的浓度相近。④含硫化物较多的样品，可在弱碱性条件下加入适量 10% 的乙酸锌溶液，使之生成硫酸锌沉淀，过滤去除沉淀物取溶液测定。

（四）氢醌的测定

1. 检测意义和有关规定

氢醌是有毒的苯系物。长期低剂量皮肤接触会导致皮炎、皮肤变红或脱色。

2. 高效液相色谱二极管阵列检测器法

（1）方法。以甲醇提取化妆品中氢醌、苯酚，用高效液相色谱仪进行分析，以保留时间及紫外吸收光谱图定性，以峰高或峰面积进行定量，气相色谱质谱确认。

（2）测定中的注意事项。①试剂。氢醌称对苯二酚，其沸点比较高，精制较困难。如无法购得色谱纯氢醌，可直接使用市售的优级纯或分析纯级试剂。但是，在计算时要用其含量进行校正，并关注色谱图上的杂峰。配制的氢醌标准工作液如放置时间过长时，试剂颜色会改变，说明此试剂的化学性质可能已经发生了变化，应重新配制。②测定。对于膏体样品可用玻璃棒将其较为均匀地涂布于试管壁上再称量，这样有利于膏体中被测组分的超声提取。氢醌的化学性质不够稳定，超声时间不宜过长。例如：15 分钟，以膏体破碎、均匀分布于提取液中为宜。时间过长，测定值下降。超声时水浴的温度不要过高，（40±3）℃温度下萃取时，氢醌测定值有所下降。超声后的样品可先用双层滤纸过滤后再用滤膜过滤，再过 0.45μm 的滤膜。这种过滤程序不仅比较容易操作，效果也好。流动相甲醇溶液中易包溶气体，应注意掌握超声脱气的时间。虽是室温下操作，但也应注意影响室温变化的因素，如空调、房屋门窗的开启、关闭等，因为如果室温变化过于剧烈，将会影响出峰时间的稳定性。

（五）性激素的测定

1. 检测意义和有关规定

性激素分为雌性激素和雄性激素，前者可防止皮肤老化，有除皱、增加皮肤弹性等作用；后者能促进毛发、肌肉生长。长久使用含激素的化妆品易导致代谢紊乱和癌症，所以我国规定化妆品中不许使用性激素。

2. 高效液相色谱二极管阵列检测器法

（1）方法。以有机溶剂提取化妆品中性激素，用高效液相色谱仪进行分析。以保留时间和紫外吸收光谱图或荧光光谱图定性，以峰面积进行定量。

（2）测定中的注意事项。①试剂。所分析的4种雌激素在甲醇溶液中的溶解性随着温度的降低而变小，又由于雌激素的化学性质均比较稳定，因此雌激素的标准品和标准溶液均应在室温条件下保存（注意密封）。低温保存易引起溶液中标准品晶体的析出而影响其浓度。②测定。性激素多不溶于水，而溶于醇、醚、烷等有机溶剂。在萃取时加入的氯化钠起盐析作用，以利于环己烷从酸性样品混合物中萃取性激素。雌激素均带有苯环，在254nm和280nm有较强的紫外线吸收。睾酮和黄体酮在254nm也有强吸收。因此，为了同时测定的需要，实验中选择254nm作为检测波长。本法用保留时间定性。当结果为阳性时，必须用其他方法对被怀疑样品做进一步定性分析后再确定。

3. 高效液相色谱紫外检测器法 / 荧光检测器法

以有机溶剂提取化妆品中的性激素，用高效液相色谱仪进行分析。以保留时间定性，峰面积定量。

（六）紫外线吸收剂的测定

1. 检测意义和有关规定

紫外线吸收剂能吸收紫外线中可引起皮肤产生急性皮炎（红斑）和皮肤灼伤的波长为 290 ~ 320nm 的中波紫外线（UVB）和（或）可使皮肤变黑的、波长为 320 ~ 400nm 的长波紫外线（UVA）。化妆品中加入过多的紫外线吸收剂可对人体产生不利影响，如引起皮肤过敏、光敏等。

2.高效液相色谱二极管阵列检测器法梯度洗脱法

（1）方法。化妆品中各种紫外线吸收剂由于其结构上的差异，可被反相高效液相色谱分离。根据其保留时间和紫外吸收光谱图定性，峰面积定量。

（2）测定中的注意事项。①试剂。甲醇和四氢呋喃这两种试剂毒性较大，且易挥发、易燃，使用时要注意室内通风。②测定。超声萃取时间的选择应视所用超声波清洗器的功率大小有所差异，除 1-（4- 叔丁基苯基）-3-（4- 甲氧基苯基）丙烷 -1，3- 二酮在超声萃取时间超过 15 ~ 20 分钟时结果有所降低外，其他所测定的紫外线吸收剂均稳定。在超声萃取过程中应手工适当摇匀样品，以加快样品的溶解、提取。在超声萃取过程中，样品应避免与金属离子接触。用流动相提取样品中紫外线吸收剂的优点，在色谱分析时不会产生另外的溶剂峰。蜡状化妆品的基质在流动相中溶解度不好，在样品提取时，应先用纯的四氢呋喃溶解样品后，再以流动相稀释、提取。流动相的组成对所测组分的峰高有影响，因此在更换流动相时一定要重作标准工作曲线。

3.高效液相色谱紫外检测器法

化妆品中各种紫外线吸收剂由于其结构上的差异可被反相高效液相色谱分离。根据其保留时间定性，峰面积定量。

（七）防腐剂的测定

1.检测意义和有关规定

防腐剂是为了防止化妆品中细菌繁殖而加入的一种添加剂。由于化妆品中往往含有许多营养物质，是微生物增生和繁殖的良好的培养基，因此产品中往往加入一定量的防腐剂以抑制细菌生长繁殖。

2.高效液相色谱法——二极管阵列检测器

（1）方法。以甲醇提取化妆品中 2- 溴，2- 硝基丙烷、1，3- 二醇等 12 种防腐剂，用高效液相色谱仪进行分析，以保留时间和紫外吸收光谱图定性，以峰高或峰面积定量。

（2）测定中的注意事项。防腐剂的化学性质比较稳定，萃取溶剂（甲醇）的用量、超声时的萃取温度及超声萃取时间对防腐剂的测定没有大的影响，超声时以试管中膏体完全破碎为宜。另外，由于防腐剂的稳定性较好，萃取液可放置较长时间而不影响测定，但应注意密封保存。由于所测定的防腐剂都为弱电离组分，流动相的最适宜 pH 值为 3.5，此时有最好的分离度。另外，添加的氯化十六烷三甲胺是作为离子对试剂，提高了此方法的分离效率。因为没有使用柱温箱，应注意影响室温变化的因素，如空调和房屋门窗的开启、关闭等。如果室温变化过于剧烈，会影响出峰时间的稳定性。

第二节　生物材料检验基本技术

一、概论

（一）生物监测基本概念

1. 生物监测定义

生物监测是指定期（有计划）地检测人体生物材料中化学物质或其代谢产物的含量或由它们所致的无害生物效应水平，以评价人体接触化学物质的程度及可能的健康影响。

生物材料检测是生物监测的组成部分。生物监测不同于生物材料检测。

2. 生物监测指标的选择

（1）生物接触指标。它表示机体近期接触毒物的量，或积累接触量，或毒物作用在靶部位的量，或机体产生生化效应的程度。其意义取决于所用的指标及毒物或其代谢物的生物半减期。

（2）生物接触指标。①毒物原形（如血中铅、尿中镉、呼出气中丙酮等）；②毒物代谢物（如尿中酚、尿中马尿酸等）；③毒物所致的无害效应指标（如接触铅的血锌原卟啉、血胆碱酯酶活性）。

（3）理想的生物监测指标。①特异性；②有剂量—效应／反应关系；③有一定灵敏度及准确度的检测方法；④稳定性能满足样品运输和检测的需要；⑤便于取材，不造成受检者的伤害。

某些特异性差、有剂量—效应 / 反应关系的指标也可选用，但要有特异性指标与其联用。

（4）生物监测指标的选择。要在了解毒物的理化性质，在体内的吸收、分布和代谢，毒代动力学等知识的基础上，通过空气监测和生物材料的检测，才能实现。

3. 接触生物限值（生物限值）

（1）生物限值。生物限值是指为保护职员的健康，对生物材料中的毒物和（或）其代谢物所规定的最高容许量，或由毒物导致的生化效应指标变化所容许的水平。

（2）与空气监测的卫生标准一样，生物限值是用来评价生物监测的标准。它与空气监测卫生标准有相关关系：生物监测结果等于或低于生物限值时，对大多数人来说是安全的，但不能保证所有人都安全；超过生物限值时，就有可能引起健康的危害，但并非所有人的健康受到危害。因为生物限值与空气监测的卫生标准一样，是对群体而言的。

（3）职业接触生物限值的制定要以毒物的理化性质、动物实验与人体毒理学资料、现场劳动卫生调查与流行病学调查资料为依据。其中，最主要的基础是可靠的职业流行病学调查和志愿者的人体实验研究的资料。通过职业接触职员的外接触（空气监测）和内剂量（生物监测）之间，内外剂量与毒物导致的生化效应水平之间的相关性分析，动物实验资料，来确定生物接触限值。

（4）"三值"的区别。职业病临床提出的"三值"指"本底值（或正常值）""生物限值""中毒诊断值"。本底值是指不接触某毒物的健康人群生物材料中该毒物的浓度或其效应水平。中毒诊断值是指接触某毒物的人群产生了有害效应或中毒症状时生物材料中该毒物的浓度或其效应水平。

（二）生物监测的作用和意义

1. 生物监测结果的评价

在应用生物限值来评价生物监测的结果时，除考虑接触状况外，还必须考虑：

（1）个体差异及个体在不同时期的生物变异；原有疾病或先天性变异引起的生理功能改变。

（2）体力活动的紧张程度。

（3）环境状况（气温、气压等）。

（4）饮食状况（饮水量对尿量的影响等）。

（5）同时接触其他毒物所致代谢途径的改变。

（6）非职业接触的影响。

2. 环境监测与生物监测及健康监护的关系

环境监测反映的是接触的外剂量，即环境中的毒物浓度。生物监测反映的是接触的内剂量或无害效应水平，即接触者体内的毒物和（或）其代谢物的浓度，或效应水平。当环境监测和生物监测的结果分别超过接触限值和生物限值时，可能对接触者的健康产生危害，就必须进行健康监护。因此，在评价毒物的危害程度时，环境监测、生物监测和健康监护是相互关联的。环境监测是基础，既提供环境中毒物的危险度，也为生物监测的建立提供依据。生物监测比环境监测提供了较真实的接触水平，是环境监测的补充和发展。

二、生物样品的采集和保存

（一）血样的采集和保存

1. 血样的生物监测意义

血液中毒物的生物监测指标可反映机体近期接触该毒物的程度，常与体内吸收毒物量呈正相关关系；而且，血样具有成分较稳定、个体差异小、不受肾功能的影响、采集时污染机会少等优点。因此，测定血液中的生物监测指标，更能反映接触的内剂量。但采血时有一定的损伤，保存条件要求较高。

2. 血样采集和保存的方法及注意事项

（1）采血量在 0.5mL 以下时，可采指血或耳血；采血量在 0.5mL 以上时，应取静脉血。

（2）根据检测的需要，采集全血、血浆、血清和红细胞时，考虑加不加抗凝剂。需要全血、血浆和红细胞时，应加抗凝剂。在检测微量元素时，要加空白低的抗凝剂。一般每毫升血加入 0.1 ~ 0.2mg 肝素，或 1mg 草酸钠或氟化钠。有条件的可直接用有抗凝剂的试管。采样后，必须轻轻转动试管，使血液与抗凝剂充分混匀。全血于室温下放置 15 ~ 30 分钟后，离心分离，加抗凝剂的分离出血浆和红细胞，不加抗凝剂的分离出血清。

（3）在采样和分离过程中，必须避免溶血。用注射器采血时，采完血，应将针头取下后，将血样转移入试管内。冷冻会引起溶血。因此，血液成分应分别冷冻保存。

（4）取末梢血时，应尽量让血液自然流出，不得用力挤压采血部位，避免因渗出组织液而稀释血样。

（5）用于微量元素测定的血样，采集前，应先清洗取血部位的皮肤，再消毒后取血。第一滴血应弃去。

（6）用于挥发性待测物测定的血样和有环境污染的场所采样时，应取静脉血；血样转移要快，试管要密封好；运输保存在低温下。尽快测定。

（7）测定酶活性的血样，应尽快测定。

（8）采样过程应避免污染。使用的采样器具和容器应不含待测物，并清洗干净；取血部位的皮肤应清洗干净；加入血中的抗凝剂等应低空白。

（二）头发的采集和保存

1.头发和指甲样品的生物监测意义

有些毒物，如砷、镉、铬、汞和铅等，可较长期蓄积在头发和指甲内。在脱离接触这些毒物后，血、尿中它们的生物监测指标已明显下降，但在头发和指甲中仍保持较高的浓度。

头发和指甲样品容易采集、保存和携带。但洗涤是个问题，既要将外源性污染清洗干净，又不能将样品内的待测物洗去。通常采用中性洗涤剂、去离子水泡洗。

2.头发的采集

（1）通常采集枕部距头皮 2 ~ 5cm 以内的头发。

（2）头发的各段分别反映了不同接触阶段体内的毒物水平，越接近头皮的头发越反映近期的接触水平。因此，可以根据接触目的，采集不同段的头发进行测定。

（三）组织和脏器的采集与保存

1.组织和脏器样品的生物监测意义

在毒物的毒性试验和毒理学研究方面，常用动物的组织和脏器作为检验样品，以探讨毒物在机体内的分布和蓄积情况。另外，在法医学方面，也采集中毒死者的组织和脏器作为检验样品，以提供中毒诊断的依据。

2.组织和脏器样品采集和保存的方法及注意事项

（1）采集的组织和脏器置于预先清洗干净的容器内，冷藏或冷冻保存。

（2）采集组织和脏器样品时，要防止污染。特别是检验微量元素时，要避免接触血液，取出后应清洗去玷污的血液等污染物。

（四）呼出气的采集和保存

1.呼出气的生物监测意义

一些有机溶剂进入机体后，可以经呼出气排出。例如，甲醇、乙醇、苯、甲苯、氯乙烯、丙酮等，都可以通过检验呼出气中毒物浓度进行生物监测。

采集呼出气操作简单，无损伤性；呼出气中干扰物少，有利于测定。

2.呼出气采集和保存的方法及注意事项

（1）通常采集混合呼出气或终末呼出气（肺泡气）作为检验样品。

（2）采集班前呼出气时，必须在空气清洁的场所进行。

（3）采集呼出气的时间必须严格按照检验方法的要求。

（4）采集呼出气用的采气管或采气袋应有好的密封性、小的吸附性和阻力。常用的采气器为铝塑复合膜采气袋和两端有三通活塞的玻璃管。采样器的容积至少为 25mL。

（5）采集的呼出气应尽快检验，一般不能长时间保存。

（6）肺功能不正常者一般不宜采集呼出气作为生物监测样品。

三、生物样品的预处理

（一）萃取

1.血样和尿样的萃取

血样和尿样可用溶剂萃取法、固相萃取法和固相微萃取法富集待测物。

2. 呼出气的富集

呼出气可用溶液吸收法、固相萃取法和固相微萃取法富集待测物。

3. 萃取剂的要求

使用的萃取液和吸收液的空白要低，不能影响测定。

（二）消化

生物材料消化的注意事项如下：

（1）血样、尿样、头发、指甲、组织、脏器等在检验金属化合物时，常用湿消化法，较少使用干灰化法。

（2）含挥发性待测物的样品，在消化时应防止挥发损失。使用微波消化法可以防止或减少损失。

（3）消化使用的酸、过氧化氢等空白要低，不能影响测定。

四、生物监测中的质量控制

（一）生物材料检验中的标准物质

1. 在我国，与生物材料检验有关的标准物质

有"冻干人尿（痕量金属）成分分析标准物质""冻干人尿铅成分分析标准物质""冻干人尿氟成分分析标准物质""冻干人尿碘成分分析标准物质""牛血清成分分析标准物质""全血铅、镉成分分析标准物质""血中原卟啉标准物质""人血清无机成分分析标准物质""冻干牛血清铅、镉成分分析标准物质""冻干牛血硒成分分析标准物质""人发成分分析标准物质"等。

2. 选用标准物质的原则

（1）在进行质量控制时，尽量采用标准物质来检验测定方法的准确、可靠。若没有标准物质时，可以采用质控样。

（2）标准物质的基本组成。选择的标准物质的成分组成应尽可能与待测样品的成分相同或相似。

（3）标准物质的浓度水平。选择的标准物质中的待测物浓度应尽可能与待测样品中待测物浓度相同或接近。

（4）标准物质的准确度水平。选择的标准物质的准确度应比待测样品预期达

到的准确度高 3 ~ 10 倍。

（5）标准物质的使用期限。选择的标准物质应在其使用期限内。

（二）生物材料检验中的标准方法

（1）在卫生检验中，必须使用标准方法。

（2）当一个毒物或生物监测指标有一个以上标准方法时，可以根据实验室的条件选择使用其中一个标准方法。

（3）当一个毒物或生物监测指标有一个以上标准方法时，可以根据样品的要求选用适合该样品检验的标准方法。

（4）在有条件的实验室，应尽量使用技术较先进的标准方法。

第三节　职业卫生检验基本技术

一、工作场所化学有害因素职业接触限值

（一）容许浓度

职业接触限值分为 8 小时时间加权平均容许浓度（PC-TWA）、短时间接触容许浓度（PC-STEL）和最高容许浓度（MAC）三类。

（1）PC-TWA。它是指以时间为权数规定的 8 小时工作日、每周 5 个工作日的平均容许接触水平。

（2）PC-STEL。它是指在遵守 PC-TWA 前提下容许短时间（15 分钟）接触的浓度；只用于那些高浓度短时间接触可致毒作用的化学物质。它不是一个独立的限值，而应视为对 PC-TWA 的补充。当接触浓度超过 PC-TWA，达到 PC-STEL 水平时，接触时间应不超过 15 分钟，每个工作日内接触次数不超过 4 次，相邻两次接触间隔时间不应短于 60 分钟。

（3）MAC。它是指在一个工作日内、任何时间、任何工作地点均不应超过的最大限量浓度。

（4）超限倍数。为了防止劳动者短时间内接触过高的有害物质浓度而造成对健康的危害，对制定有 PC-TWA 而无 PC-STEL 的有害物质，规定了"超限倍数"。超限倍数指在一个工作日内、任何一次短时间（15 分钟）接触有害因素不应超过其 PC-TWA 的倍数。在遵循 PC-TWA 的前提下，短时间（15 分钟）检测平均浓度，化学物质不应大于有害物质的超限倍数。所有粉尘的超限倍数均为 2。

（二）工作场所化学有害因素接触限值的正确使用说明

（1）职业接触限值。它是是用来监测工作场所环境污染情况、评价工作场所卫生状况和劳动条件的主要技术法规依据，也可用于评估生产装置泄漏情况和评价防护措施效果。其目的在于保护劳动者健康免受有害因素的危害，预防职业病。

（2）在实施职业卫生监督管理、评价工作场所污染或个人接触状况时，应正确运用三种职业接触限值，并按照国家颁布的有关采样规范和标准测定方法，进行采样、检测和分析；在无标准测定方法时，可用国内外公认的测定方法。

（3）PC-TWA 的应用。按 8 小时工作日内各个接触持续时间与其相应浓度的乘积之和除以 8，得出 8 小时时间加权平均浓度（TWA）。工作时间不足 8 小时者仍以 8 小时计。

（4）PC-STEL 的应用。旨在防止劳动者短时间接触过高的有毒物质浓度。要求在监测 PC-TWA 的同时，对浓度变化较大的工作地点进行监测评价一般采集 15 分钟的空气样品；接触时间短于 15 分钟时，以 15 分钟平均浓度计算。

（5）最高容许浓度的应用。应根据不同工种和操作地点采集有代表性的空气样品，并捕捉到最高的瞬间浓度。

（三）职业卫生标准的概况

（1）职业卫生标准的特殊性。①职业卫生标准是我国职业病防治法律体系的重要组成部分；是保障劳动者在职业活动中，身体健康不受职业危害因素影响、保障劳动生产力和促进生产发展的科学依据。②在整个卫生行政执法的全过程中，职业卫生标准是与之配套的技术依据。在日常职业卫生监测监督、卫生监督执法、卫生行政处罚、卫生行政复议和卫生行政诉讼等各项活动中，都离不开职业卫生标准的运用。③职业卫生标准是为保障用人单位劳动者的健康和促进生产发展的科学依据，因此必须符合我国用人单位的实际情况，切实可行，便于用人单位正确了解和掌握，贯彻执行。④职业卫生标准是国家安全的重要法律体系，直接为国民经济建设服务。职业卫生标准的制定工作必须适应市场经济发展的需要。

（2）职业卫生标准的范围．职业卫生标准包括了职业活动中所有与职业病危害因素防治有关的卫生标准，包括化学毒物、粉尘、物理因素（如噪声、振动、激光、微波、超高频辐射等）、工作场所气象条件、劳动负荷和劳动生理及工效等。其主要有：①职业卫生专业基础标准；②工业企业设计卫生标准；③工作场所有害因素职业接触限值；④劳动生理卫生和工效学标准；⑤职业防护用品卫生标准；⑥职业病危害因素检测检验方法标准；⑦职业病诊断标准；等等。

二、空气中有害物质的采集

（一）工作场所空气样品的特征

工作场所空气样品与环境空气样品相比，具有下列特征。

1. 毒物种类多

在职业活动中使用品种繁多的物质，都可能逸散到空气中来，对劳动者的健康造成危害，都是需要检测的对象。另外，在工作场所空气中，一个工作地点往往同时存在多种毒物。

2. 空气中毒物浓度变化大

空气中毒物浓度受很多因素影响，包括空气的流动性大、工作场所的空间大小以及它的通风状况、毒物发射源的数量和布局等不同，因此变化快而大。不同的物质会形成不同的浓度，同种物质在不同的职业活动中有不同的浓度，同一职业活动因环境、气象条件不同和人为因素也可造成不同的浓度。

3. 影响空气中有害物质浓度的因素

（1）气象因素的影响。气温和气压不仅影响空气样品的体积，而且影响毒物在空气中的存在状态和扩散速度。空气的体积与气温和气压有关，气温和气压影响空气中毒物的浓度。为了便于统一，我国规定：空气中毒物浓度是指在气温为20℃、气压为101.3kPa下的浓度。因此，在计算空气中毒物浓度前，必须先将采集的空气体积换算成标准采样体积。

（2）职业和人为因素的影响。在采集空气样品之前，必须掌握生产现场空气样品的特性，根据采样检测目的，选择合适的采样方法和分析方法。

（二）采集样品的代表性和真实性

在空气监测中，空气样品的采集是十分重要的，它决定检测结果的真实性、准确性和可靠性。检测结果的准确性不仅包括测定数据的准确可靠，还包括所采样品的代表性和真实性。

在空气检测中，采得一个具有代表性和真实性的样品，是获得正确可靠的检测结果和卫生评价的基本保证。因此，必须特别重视空气样品的采集。

1.代表性

代表性是指一要满足卫生标准的要求。我国卫生标准规定，工作场所空气中毒物的职业卫生容许浓度是工作日内不容许超过的浓度值，时间加权平均容许浓度是 8 小时工作班内不容许超过的平均浓度，短时间接触容许浓度是 15 分钟内不容许超过的平均浓度，最高容许浓度是工作班内任何一次采样检测不能超过的浓度。因此，必须选择在毒物浓度最高的工作地点及毒物浓度最高的工作时段进行采样检测，测得的毒物浓度用于职业卫生状况的评价，这样才符合卫生标准的要求。二要满足检测的目的。空气监测有不同的目的，对空气样品的采集也有不同的要求，必须选择能够反映工作场所劳动者接触空气中毒物真实浓度的采样点。

2.真实性

采样检测结果反映的是工作场所空气中待测物的"真实浓度"。"真实浓度"是指在正常工作和生产条件下，在正常的气象条件和生产环境下，存在于工作场所空气中待测物的浓度，是劳动者在正常工作和生产状况下经常接触的浓度，而不是在特殊情况下的待测物浓度。

（三）有毒物质在空气中的存在状态

在常温常压下，物质以气体、液体和固体三种形态存在。各种毒物由于其物理和化学性质不同，以及职业活动条件的不同，在工作场所空气中的存在状态有气态、蒸气态和气溶胶态。

1.气态和蒸气态

常温下是气体的毒物如氯气、一氧化碳等，通常以气态存在于空气中。常温下是液体的毒物如苯、丙酮等，以不同的挥发性呈蒸气态存在于空气中。常温下是固体的毒物如酚、三氧化二砷和三硝基甲苯等，也有一定的挥发性，特别在温度高的工作场所，也能以蒸气态存在于空气中。空气中的气态和蒸气态毒物都是以原子（仅汞蒸气）或分子状态存在，能迅速扩散，其扩散情况与它们的比重和扩散系数有关；比重小者（如甲烷等）向上飘浮，比重大者（如汞蒸气）就向下沉降；扩散系数大的，能迅速分散于空气中，基本上不受重力的影响，能随气流以相等速度流动。在采样时，能随空气进入收集器，不受采样流量大小的影响；在收集器内，能迅速扩散入收集剂中被采集（吸收或吸附）。

2.气溶胶态

以微细的液体或固体颗粒悬浮于空气中的分散体系，称为气溶胶。根据形成气溶胶的方式和方法不同，可分成固态分散性气溶胶、固态凝集性气溶胶、液态分散性气溶胶和液态凝集性气溶胶四种类型。按气溶胶存在的形式可分成雾、烟和尘。

（1）雾。液态的分散性气溶胶和凝集性气溶胶统称为雾。在常温下是液体的物质，因加热逸散到空气中的蒸气，遇冷后以尘埃为核心凝集成微小液滴，为凝集性气溶胶。喷洒农药时的雾滴，为分散性气溶胶。雾的粒径通常较大，在 $10\mu m$ 上下。

（2）烟。属于固态凝集性气溶胶，同时含有固态和液态两种粒子的凝聚性气溶胶也称为烟。常见的有铅烟、铜烟等。烟的粒径通常比雾小，在 $1\mu m$ 以下。

（3）尘。它属于固态分散性气溶胶，如铅尘等。尘的粒径范围较大，从 $1\mu m$ 到数十 μm。

气溶胶颗粒有重力的影响，特别是比重大、粒径大的颗粒；在采样时，需要一定的采样流量，才能克服重力的影响，有效地采入收集器内。

3.蒸气态和气溶胶态共存

在气溶胶状态下，微细的液体或固体颗粒分散于空气中，许多物质会有或多或少的蒸气与颗粒共存。例如，三硝基甲苯、三氧化二砷等，在常温下就有一定量的蒸气共存于空气中。

由于毒物在空气中存在状态不同，需要用不同的采集方法进行采样。因此，必须在采集空气样品前，首先知道待测物在空气中的存在状态，以便选择正确的采样方法。

（四）空气样品的采集方法

正确的空气样品采集方法，要根据待测物在工作场所空气中的存在状态、各种采样方法的适用性、采样点的工作状况及环境条件等来选择。

1.气态和蒸气态毒物的采样方法

采集空气中气态或蒸气态有害物质，采样方法分为直接采样法、有泵型采样法和无泵型采样法。

（1）直接采样法。它是用采样容器（如注射器、采气袋等）采集一定量体积空气样品，供测定用。它适用于空气中挥发性强、吸附力小的待测物，待测物浓度较高或测定方法的灵敏度高，只需要少量空气样品就可满足检测要求的情况。采样时间最好不少于 5min，即在 5min 内完成 100mL 空气的采集。

①注射器。选用气密性能好的 50mL 或 100mL 玻璃注射器。使用注射器采样应注意：选用气密性好的注射器。采样前应用现场空气抽洗 3 次。采样后应立即封闭进气口，垂直放置。封闭注射器进气口用的材料应是惰性的。采用压出法取气。避免注射器内壁吸附待测物。采样后应尽快测定。

②采气袋。将空气样品打入采气袋内，封好进气口，带回实验室供测定。可以根据测定的需要，选择吸附性小、密闭性好、不漏气的采气袋。它应具有使用方便的采气和取气装置，并能反复使用；死体积不能大于其总体积的 5%。采气袋多用于无机气体如一氧化碳、二氧化碳的采集，也可用于挥发性有机化合物的采集。常用的采气袋有聚四氟乙烯塑料采气袋和铝塑采气袋。因为它们对许多种气体或蒸气待测物吸附性小，不透气，采样后待测物浓度较稳定。

用采气袋采集空气样品应注意：采样前，必须在采样地点用现场空气样品先吹洗 3 ~ 4 次，再采集一定量的空气样品。要防止容器内壁对样品中待测物的吸附或吸收，特别是沸点较高的待测物容易发生吸附；化学活性高的待测物可能与器壁发生化学反应，产生吸收作用。为了减少或防止吸附，可将容器保存在适当的温度下。采样后，应尽快分析。在采样、运输和保存过程中，采气袋避免接触尖锐物件造成破损。

（2）有泵型采样法。它也叫有动力采样法，是用空气采样器作为抽气动力，将样品空气抽过样品收集器，空气中的待测物被样品收集器采集下来，供测定用。有泵型采样法根据使用的样品收集器不同，有液体吸收法和固体吸附剂管法等。

①液体吸收法。将装有吸收液的吸收管作为样品收集器，当空气样品呈气泡状通过吸收液时，气泡中的有害物质分子迅速扩散入吸收液内，由于溶解作用或化学反应，很快被吸收液吸收。

②固体吸附剂管法。将一定量的固体吸附剂装在玻璃管内，制成固体吸附剂管。当空气样品通过固体吸附剂管时，空气中的气态和蒸气态待测物被固体吸附剂吸附而采集。用于空气采样的理想固体吸附剂应具有良好的机械强度、稳定的理化性质、足够强的吸附能力和容易解吸、价格较低等特性。固体吸附剂的吸附作用，一种是物理性吸附，是靠分子间的作用力。这种吸附比较弱，容易在物理作用影响下，使吸附的物质分子解吸。另一种是化学性吸附，是靠化学亲和力（原子价力）的作用，吸附较强，不易在物理作用下解吸。

③浸渍滤料法。当滤料涂渍某种化学试剂后，待测物与化学试剂迅速反应，生成稳定的化合物，保留在滤料上而被采集下来。因为浸渍滤料的厚度一般小于1mm，所浸渍的试剂量有限，因此只能使用在空气中待测物浓度低或采样时间短的采样检测。

（3）无泵型采样法。它也叫扩散采样法。此法是利用毒物分子的扩散作用，完成采样的，不需要抽气动力和流量装置，故叫作无泵型采样法，使用的是无泵型采样器。

①无泵型采样器的原理。根据费克扩散定律，物质分子在空气中沿着浓度梯度而运动，即由高浓度向低浓度方向扩散，其质量传递速度与物质的浓度梯度、分子的扩散系数以及扩散层的截面积成正比，与扩散层的长度成反比。

②无泵型采样器的优缺点。它的优点是：体积小，重量轻（几克至几十克），结构简单，不用抽气装置，携带和操作都很方便；适合用作个体采样和长时间采样，也可作为定点采样和短时间采样。它的缺点是：因为它的采样流量与待测物分子的扩散系数成正比，扩散系数低的待测物因采样流量太小只能进行长时间采样，不适用于空气中待测物扩散系数小而且浓度低的情况下做短时间采样。所以，无泵型采样器并不能完全代替有动力采样器。无泵型采样器有一定的吸附容量。

③使用无泵型采样器时应注意的事项。采样前后要检查无泵型采样器的包装和扩散膜是否有破损，若有破损者应废弃。在高浓度的待测物和干扰物环境中采样时，要缩短采样时间，防止其收集介质的饱和。应在有一定风速下采样，以防止"饥饿"现象发生。只能采集气态和蒸气态物质，不能用于气溶胶的采样。采样前

后要将无泵型采样器放在密闭良好的容器内运输和保存，以防止污染。采样后应检查扩散膜是否有破损或玷污待测物液滴；若有，则这种样品不能采用，应弃去。

2.气溶胶态毒物的采样方法

工作场所空气中气溶胶态有害物质常用的采样方法有滤料采样法、冲击式吸收管法和多孔玻板吸收管法，使用最多的是滤料采样法。

（1）滤料采样法。他是利用气溶胶颗粒在滤料上发生直接阻截、惯性碰撞、扩散沉降、静电吸引和重力沉降等作用采集滤料。

（2）冲击式吸收管法。它是在 3L/min 采样流量下，利用空气样品中的颗粒以很大的速度冲击到盛有吸收液的管底部，因惯性作用被冲到管底上，再被吸收液洗下。因此，它主要用于采集粒径较大的气溶胶颗粒。必须强调：在采集气溶胶态样品时，一定要使用 3.0L/min 的采样流量，因为只有在这一采样流量下，气溶胶颗粒才有足够的惯性冲击在吸收管底壁上被采集下来。

（3）多孔玻板吸收管法。它用于雾的采集，通常不能采集烟和尘。

三、空气中有害物质的检测

（一）空气中有害物质检测的类型

1.根据检测的目的分类

（1）评价检测。它适用于建设项目职业病危害因素预评价、建设项目职业病危害因素控制效果评价和职业病危害因素现状评价等。

（2）日常检测。它适用于对工作场所空气中有害物质浓度进行日常的定期监测。

（3）监督检测。它适用于职业卫生监督部门对用人单位进行监督时，对工作场所空气中有害物质浓度进行的监测。

（4）事故检测。它适用于对工作场所发生职业危害事故时，进行的紧急采样监测。

2.根据空气检测方式分类

（1）定点检测。它是将采样仪器放在选定的采样点，收集器置于劳动者的呼吸带，进行空气样品的采集测定。目的主要是评价工作场所的职业卫生状况。

（2）个体检测。它是将个体采样空气收集器佩戴在检测对象的前胸上部，尽量接近呼吸带，进行空气样品的采集测定。目的主要是评价劳动者接触毒物的程度。

（3）短时间检测。它是指采样时间为 15 分钟左右的采样测定。它主要用于短时间接触容许浓度和最高容许浓度卫生标准的检测评价。

（4）长时间检测。它是指采样时间在 1 小时以上的采样测定。它用于时间加权平均容许浓度卫生标准检测评价。

3. 根据检测方法分类

（1）现场检测。在发生事故后的工作场所、有剧毒物质存在的工作场所等，需要进行现场检测。现场检测方法常用的有检气管法和气体测定仪检测法等。

①检气管法。它又叫气体检测管法，是用试剂浸泡过的载体颗粒制成指示剂，装在玻璃管内，制成检气管。当有被测毒物的空气通过时，毒物与试剂发生颜色反应，根据产生颜色的深浅或变色柱的长度，与事先制备好的标准色板或浓度标尺比较，即时做出定性和定量的检测。优点是体积小、质量轻、携带方便、操作简单快速、方法的灵敏度较高和费用低等。

②气体测定仪检测法。它是用携带方便的仪器在现场进行即时直读式检测的方法。气体测定仪种类多，目前常用的检测原理有红外线、半导体、电化学、气相色谱、激光等。现代的气体测定仪具有较高的灵敏度、准确度和精密度，体积较小，质量较轻，携带方便，操作简单快速；但仪器价格较高，仪器的校正、使用和维护需要较高的技术和费用。可用于许多有害物质的检测，如一氧化碳、二氧化硫、硫化氢、氨、甲醛、苯、可燃性气体等。便携式气相色谱仪的应用，可以在现场较准确地测定许多有机蒸气。

（2）实验室检测。它是将现场采集的样品送至检测实验室进行检测，具有适用范围广、测定灵敏度高、检测结果准确度高和精密度好的优点。实验室检测包括样品处理和测定两部分。

（二）样品的处理

在实验室中，有的空气样品可以直接测定，不需要任何处理。例如：工作场所空气中的汞蒸气可以用测汞仪直接测定；用注射器采集的苯等有机溶剂蒸气可以直接用气相色谱法测定。但多数样品需要经过适当处理后才能测定。

1. 固体吸附剂管样品的处理

吸附在固体吸附剂管内的待测物，需要解吸后测定。常用的解吸方法是溶剂解吸法和热解吸法。

（1）溶剂解吸法。将采样后的固体吸附剂放入解吸瓶内，加入一定量的解吸液，解吸一定时间，解吸液供测定。解吸液应根据待测物及其所使用的固体吸附剂的性质来选择。非极性待测物易被非极性固体吸附剂吸附，解吸时，通常用非极性解吸液。例如，大多数有机溶剂蒸气被活性炭采集后，用二硫化碳等有机溶剂做解吸液。极性待测物易被极性吸附剂吸附，通常用极性解吸液解吸。例如，醇醛类化合物常用硅胶采集，用水或水溶液做解吸液。

溶剂解吸法适用范围广，可以应用于各种化合物的测定；采用合适的解吸剂，通常可得到满意的解吸效率；影响因素少，检测结果主要受解吸剂体积的影响；解吸操作简单，不需要特殊的解吸仪器；所得解吸液样品可以做多次测定。缺点是：使用的解吸液可能影响测定；二硫化碳是常用的解吸液，它的毒性较大，使用时应注意防护。溶剂解吸法因使用的解吸溶剂量较大，在气相色谱法中，进样的体积仅 1 ~ 2μL，影响测定方法的灵敏度。

（2）热解吸法。它是将固体吸附剂管放在专用的热解吸器中加热至一定温度进行解吸，然后用氮气等载气将解吸的待测物或直接通入分析仪器（如气相色谱仪）进行测定，或先收集在容器（如 100mL 注射器）中，然后取出一定体积样品气进行测定。对于某一待测物，影响解吸效率的主要因素是解吸温度和解吸时间。

热解吸法与溶剂解吸法相比，不使用溶剂，不会给测定带来影响，但需要专用的热解吸器用于解吸。解吸的温度和时间以及载气流量等对解吸效率和检测机构都有一定的影响；直接进样测定法将解吸出来的样品气全部进入分析仪器，具有高的测定灵敏度，但只能测定一次，不能重复测定。在进行热解吸操作时，应将固体吸附剂管的采样进气端安装在热解吸器的出气口，这样有利于解吸。

2.滤料样品的处理

常用的处理方法有洗脱法和消解法。

（1）洗脱法。洗脱法是用溶剂或溶液（称为洗脱液）将滤料上的待测物溶洗下来的方法。

（2）消解法。消解法是利用高温或氧化作用将滤料及样品基质破坏，制成便于测定的样品溶液。利用高温达到消解目的的叫作干灰化法；利用氧化剂（主要是氧化性酸）达到消解目的的叫作酸消解法。酸消解法又叫湿式消解法，常用的消解液（氧化剂）有氧化性酸（如硝酸、高氯酸及过氧化氢等）。为了提高消解效率和加快消解速度，经常使用混合消解液，比如 1 : 9 高氯酸硝酸消解液常用于微孔滤膜样品的消解。

3. 吸收液样品的处理

通常，吸收液可以直接用于测定。如果需要处理时，可以用稀释、浓缩或溶剂萃取法等。

第四节　仪器分析基本技术

一、光谱分析

光谱分析是研究电磁辐射和物质相互作用，即化学组分内部量子化的特定能级间的跃迁与组分含量的关系的一类分析方法，测量由其产生的发射、吸收或散射在一个或多个波长处的电磁辐射强度的方法称为光谱法。

光谱分析主要包括原子光谱分析和分子光谱分析两部分。

（1）原子光谱分析法。原子光谱分析法是利用原子所发射的辐射或辐射与原子的相互作用而对元素进行测定的光谱化学分析法。

（2）分子光谱分析法。分子光谱分析法是利用物质分子的内部能级（电子能级、振动能级和转动能级）与电磁波作用产生的吸收、发射来对该物质进行测定的光谱化学分析法。

二、电化学分析

电化学分析是通过测量组成的电化学电池中待测物溶液所产生的一些电特性而进行的分析。按测量参数分为电位法、电重量法、库仑法、伏安法、电导法等。

电分析方法特点如下所述：

（1）分析检测限低。

（2）元素形态分析，如 Ce（Ⅲ）及 Ce（Ⅳ）分析。

（3）产生电信号，可直接测定，仪器简单、便宜。

（4）多数情况可以得到化合物的活度而不只是浓度，比如在生理学研究中，Ca^{2+} 或 K^+ 的活度大小比其浓度大小更有意义。

（5）可得到许多有用的信息：界面电荷转移的化学计量学和速率；传质速率；吸附或化学吸附特性；化学反应的速率常数和平衡常数测定；等等。

三、色谱法分析

（一）色谱法概述

色谱法又称层析法，由俄国植物学家茨维特分离植物色素时采用。他在研究植物叶的色素成分时，将植物叶子的萃取物倒入填有碳酸钙的直立玻璃管内，然后加入石油醚使其自由流下，结果色素中各组分互相分离形成各种不同颜色的谱带，这种方法因此得名为色谱法。以后此法逐渐应用于无色物质的分离，"色谱"二字虽已失去原来的含义，但仍被人们沿用至今。

在色谱法中，将填入玻璃管或不锈钢管内静止不动的一相（固体或液体）称为固定相；自上而下运动的一相（一般是气体或液体）称为流动相；装有固定相的管子（玻璃管或不锈钢管）称为色谱柱。当流动相中样品混合物经过固定相时，就会与固定相发生作用。由于各组分在性质和结构上的差异，与固定相相互作用的类型、强弱也有差异，因此在同一推动力的作用下，不同组分在固定相滞留时间长短不同，从而按先后不同的次序从固定相中流出。色谱法根据其分离原理可分为吸附色谱、分配色谱、离子交换色谱与排阻色谱等，还可根据两相状态或分离方法分为纸色谱法、薄层色谱法、柱色谱法、气相色谱法、高效液相色谱法等。色谱法是目前应用最广泛、最灵敏的分析方法之一，它的检测限可达到 10^{-15} g/L。

（二）分离条件的选择

根据色谱理论，混合物中各组分的分离效果同时取决于色谱热力学因素（分配系数的差异）和动力学因素（柱效的高低）。前者主要取决于固定相，后者则取决于分离操作条件，这些条件包括以下内容：

（1）载气和流速的选择。

（2）柱温的选择。

（3）固定液配比的选择。

（4）载体粒度和分散度的选择。

（5）柱长和柱内径的选择。

（6）进样速度和进样量。

（7）汽化温度。

人们对此进行了大量的研究，积累了丰富的理论和实践经验，并建立了完善的专家系统，针对分析对象，参考专家系统，初步确定分离操作条件，在此基础上一般还要稍作调整，才能获得满意的气相色谱分离操作条件。

（三）气相色谱固定相

在影响气相色谱分离的各种因素中，固定相的选择是首要的，在很大程度上决定了色谱柱的特异性，是混合物中各组分能否完全分离的关键问题。气相色谱固定相大致分为固体固定相和液体固定相两类。

1. 固体固定相

固体固定相一般用于气固色谱法，一般都是具有吸附活性的固体吸附剂，主要有非极性的活性炭和石墨化颗粒、弱极性的活性氧化铝、强极性的硅胶等。

2. 液体固定相

液体固定相是将固定液均匀地涂布在载体上而构成，通过分子间作用力（包括静电力、诱导力、色散力和氢键力等）决定组分在固定液中的溶解度，从而决定了组分在气液两相中的分配系数和保留时间。

（四）气相色谱常用检测器

1. 火焰离子化检测器

火焰离子化检测器又称氢焰检测器，是目前应用最广泛的检测器，对大多数有机物有响应，灵敏度高，检测量可达 10^{-9} g/mL。它响应速度快，稳定性好，线性范围广。

2. 电子捕获检测器

电子捕获检测器是一种选择性强、灵敏度高的检测器，它只对含有强电负性元素的物质即亲电子性化合物产生响应：电负性越强，响应信号越大。它适用于分析含有卤素、硫、磷、氮、氧等元素的物质，灵敏度很高，检测量可达 10^{-14}g/mL。其缺点是线性范围较窄。

3. 火焰光度检测器

火焰光度检测器是对含硫、磷的有机物有高度选择性和高灵敏度的检测器，又称硫磷检测器。它主要对大气、水和食品中的含硫、磷有机污染物进行分析，其检测量可达 10^{-12}g/mL。

4. 氮磷检测器

氮磷检测器是专用于对含氮和磷的有机物进行分析的检测器。

（五）高效液相色谱分析检测器

检测器的作用是将色谱柱流出物中样品组成和含量的变化转化为可供检测的信号，完成定性、定量分析的任务。理想的检测器应满足以下要求：（1）灵敏度高；（2）线性范围宽；（3）响应快；（4）稳定性好，噪音低，漂移小；（5）对流动相组成、流速及温度的变化不敏感，可用于梯度洗脱；（6）不引起很大的柱外谱带扩张效应，以保持高的分离效能。

1. 紫外吸收检测器

紫外吸收检测器灵敏度较高，线性范围宽，对流速和温度的变化不敏感，适用于梯度洗脱，对强吸收物质检测限可达 1ng，检测后不破坏样品，可用于制备，并能与任何检测器串联使用；在各类检测器中，其使用率占 70% 左右。紫外检测器有单波长和可调波长两类。可调波长紫外检测器可按照被测试样的紫外吸收特征任意选择工作波长，提高了仪器的选择性和信噪比，适用于梯度洗脱，但灵敏度不如固定波长紫外检测器。

2. 光电二极管阵列检测器

光电二极管阵列检测器也称快速扫描紫外可见光检测器，它采用光电二极管阵列作为检测元件，可得到三维色谱光谱图。其中，最近发展起来的电荷耦合阵列检测器（Charge-coupled Device Array Detector）简称 CCD 检测器，具有光谱响应范围宽、灵敏度高及线性范围宽等优异性能，具有其他类型检测器无法比拟的优点。

3. 荧光检测器

荧光检测器是一种高灵敏度、有选择性的检测器，可检测能产生荧光的化合物。某些不发荧光的物质可通过化学衍生技术生成荧光衍生物，再进行荧光检测。其最小检测浓度可达 0.1ng/mL，适用于痕量分析，可用于梯度洗脱。一般情况下，荧光检测器的灵敏度比紫外检测器高 1 ~ 3 个数量级，但其线性范围不如紫外检测器的宽。

4. 示差折光检测器

示差折光检测器是一种浓度型通用检测器。某些不能用选择性检测器检测的组分，如高分子化合物、糖类、脂肪烷烃等，没有紫外吸收、不产生荧光、没有电活性，可用示差折光检测器对其进行检测。示差折光检测器的灵敏度比紫外检测器低得多，检测器对温度和压力的变化非常敏感，不能用于梯度洗脱。

5. 电化学检测器

电化学检测器主要有安培、极谱、库仑、电位、电导等检测器，属选择性检测器，可检测具有电活性的化合物。电化学检测器的优点是：（1）灵敏度高，达 ng 级，有时可达 pg 级；（2）选择性好，可测定大量非电活性物质中极痕量的电活性物质；（3）线性范围宽，一般为 4 ~ 5 个数量级；（4）设备简单，成本较低；（5）易于自动操作。

6. 化学发光检测器

化学发光检测器是一种快速灵敏的新型检测器，当分离组分从色谱柱中洗脱出来后，立即与适当的化学发光试剂混合，引起化学反应，导致发光物质产生辐射，其光强度与该物质的浓度成正比。这种检测器的最小检测量可达 pg 级，敏度比荧光检测器高 20 倍。

第四章　食品与环境卫生理化检验

第一节　食品卫生理化检验

一、概述

（一）食品检验的意义

食品是人类生存不可缺少的物质条件之一，食品的营养和卫生质量直接关系着人体健康。为保证食品的营养，防止食品的污染，避免有害物质对人体的危害，必须重视和加强对食品的卫生管理。国家有关部门依据食品卫生法规，对食品安全进行检验、监督。

食品生产和研究部门为指导人们合理营养，防止营养缺乏病，提高整个民族的健康水平和身体素质，需要掌握食品中营养素的成分和质量，不断开发食品新资源、新品种，分析食品中的有害物质，对食品的生产、加工、运输、贮藏、销售过程进行控制，防止污染环节，制订管理措施。

在社会生活方面，应防止在食品生产和销售中出现粗制滥造和掺杂掺假。当发生食物中毒时，应查明中毒物质，为拟订抢救病人的措施提供依据。并可供给旁证，对肇事者判明法律责任。因此，食品检验是有效地进行食品卫生管理的必要手段。

食品检验的内容，按照检测对象可分为两个方面：一是对食品中微生物及其代谢物的检验，称为食品微生物学检验；二是对食品中与营养和卫生有关的化物质的检验，称为食品理化检验。这两部分检验对食品卫生具有同等重要的作用，但它们所涉及的基础理论和采用的实验技术均有较大的差别。研究食品营养成分和与食品卫生有关成分的理化检验原理及方法的科学，称为食品理化检验学。

（二）食品检验的内容

食品的种类繁多，可粗略地分为粮谷类、豆和豆制品类、肉类和鱼类、蛋类和奶类、蔬菜类和水果类；此外，还有调味品和饮料类。各种食品所含营养成分的种类和数量不同，由于农药和工业"三废"对食品的污染，以及在生产、加工、运输、包装、贮藏过程中可能受到霉菌毒素和其他有害成分的污染，或不合理使用添加剂，使食品检验的范围非常广泛，也较复杂。根据食品中所含成分与人体健康的关系，食品检验的内容主要分为营养成分的分析和有害成分的分析两大类。

1.营养成分的分析

食品的基本原料是动植物体及其制品，虽然它们的种类繁多，但从营养成分来看，主要有蛋白质、脂肪、碳水化合物、维生素、无机盐（包括微量元素）和水六大类，这是构成食品的主要成分。通常认为，粮谷类富含淀粉等碳水化合物；肉、鱼、蛋、奶类主要含蛋白质和脂肪；蔬菜、水果主要含维生素和无机盐。人体通过对食品中营养素的吸收利用，可以得到维持生命活动和从事劳动所需要的热能，供给机体生长发育的修补材料，并维持机体正常的生理功能。因此，营养素是生命活动的能源，构成人体的物质基础。

对食品的营养成分分析的目的主要是为以下几个方面：

（1）对现有的食品进行分析、了解其营养素的含量和品质，为合理选择食品提供依据。

（2）了解食品在生产、加工、运输、贮存、销售、烹调过程中的损失情况，指导改进以上各环节，减少食品营养素的损失。

（3）分析强化食品，决定强化剂量，鉴定强化效果，研究强化工艺。

（4）分析食品工业产品，提出食品的营养要求，制定食品标准，控制产品质量。

2.有害成分的分析

正常食品应当无毒无害，符合应有的营养素要求，具有相应的色、香、味等感官性状。但由于各种原因，有时会使食品中出现有害健康的成分，其主要来源为以下几个方面：

（1）某些天然有毒动植物的混入。某些有毒物质外形与正常食品相似，或由于食品处理不当，未消除有毒物质（如鲜黄花菜、发芽马铃薯、白果、木薯、动物的甲状腺等），从而使食品中混入有害成分。

（2）工业"三废"对食品的污染。大量废气、废水和废渣的排放，致使大气、水、土壤遭受各种有毒物质的污染。通过烟尘、降雨使毒物进入水体和土壤，被动植物吸收。又由于食物链的浓缩作用，使环境中的轻微污染造成食品中的严重污染。

（3）农药对食品的污染。使用毒性大、残留时间长的农药，或使用农药浓度过高、用量过多、接近收获期喷洒农药等滥用农药的方式，都会造成对农作物的污染，从而使食品中的农药残留量超过卫生标准，对人造成危害。

（4）微生物及其他毒物的污染。在食品生产、贮存过程中受微生物及其产物（细菌、霉菌、霉菌毒素等）的污染；不按规定使用食品添加剂（如用化工颜料代替食用色素等）；食品生产加工中各种容器、食具和包装材料对食品的污染，也会对人造成危害。

为了保证食品的质量，必须加强卫生管理，经常开展食品中有害成分的监督检验工作。

（三）食品卫生标准

食品卫生标准是食品质量的规范性文件，具有法律作用。在制定食品卫生标准时，把有害物质限制在最低限度内，保证人体终生食用而不会引起任何损害。对食品中出现的各种有害物质，应该逐个制定限量标准，同时确定相应的标准检验方法和操作规程。

食品卫生标准是通过对食品中有害物质的流行病学调查、无污染本底值对照、毒性评价、毒理学实验等过程，参照其他国家的标准提出食品中有害物质的限量，经试行并不断完善而制定出来。

对食品的卫生检验，应尽可能用国家统一的标准检验方法来进行测定。尽管国家统一的标准检验方法不一定是最先进的方法，但是它是能普遍使用的方法，并且将随着科学技术的进步和仪器设备条件的改善而不断改进和提高。对于目前国家尚未规定方法的检验项目，应尽可能采用大家公认的方法，并注意借鉴国际通用的标准检验法，使所得结果有可比性。

（四）食品检验常用的方法

食品检验主要由感官检查、物理方法和化学方法（包括定性、定量）三部分组成。

（1）感官检查即对食品的视觉、听觉、嗅觉、味觉、触觉等感觉特征进行检查，按照食品卫生标准中感官检查指标的规定进行。

（2）物理方法（如测比重、折光、旋光）检查，可初步判断食品是否正常及其浓度和纯度。

（3）食品检验中最经常的工作是用化学方法进行定性、定量测定，以确定营养物质或有害物质的种类和含量。所采用的分析方法，除重量分析法和滴定分析法外，大多采用薄层色谱法、紫外可见分光光度法、原子吸收光谱法和气相色谱法进行测定。此外，荧光分析法、高效液相色谱法和电化学分析法也被采用。

二、食品采样和样品处理

（一）食品样品的采集和保存

食品样品的采集和保存，是食品检验成败的关键之一。采样前必须进行周密细致的卫生学调查，了解食品的全部经历，这是发现问题、决定检验项目的重要步骤。检验人员应亲临现场，观察现场周围环境的清洁状况、有无污染源、食品的存放和包装条件、食品的外观状态、性质是否一致。如果其中有明显的差异，应按不同类型分开，根据发现的问题，设计采样方案。将感官性状不同的食品分别采样、检验，严禁将不同性质的食品混合采样。采样的同时应详细记录现场情况，包括采样的地点和日期、样品编号、食品名称、采样单位和采样人，并附以正式采样凭据。对于情况复杂、责任重大的采样工作，应由两人以上协同进行，共同编号签封，按规定转运交接。

1. 食品样品的采样原则

采样原则是代表性和真实性。在食品卫生检验工作中，通常是从一批食品中抽取其中一部分来进行检验，将检验结果作为这一批食品的检验结论。也就是说，从总体中抽出一部分样品，作为总体的代表。故而，样品必然来自总体，并代表总体接受检验。食品在通过调查了解和仔细观察后，确认它们在性质、特征、经历、外观等方面都有共同之处，是完全同质的，则具有相同的属性。不同属性的食品，就构成不同的总体，应该有不同的样品。

在实际工作中有很多影响样品代表性的因素，如食品组织状态的差异、不同的堆放部位、所受外界环境的影响大小和在抽样过程中产生的误差等。因此，采样时应特别注意克服和消除这些因素，使样品最大限度地接近总体情况，保证样品对总体有充分的代表性。为此，采样时应尽量使处于一批食品的各个方位、各个层次都有均等的被采集机会。样品中个体大小的构成比例和成熟程度的比例，应当与总体的相应比例一致。

2. 采样工具

采集液体样品的采样器，可用洗净的玻璃瓶，上端套一截橡皮管并带一弹簧夹。使用时松开弹簧夹，缓缓插入液体食品中；达到一定深度时，夹紧弹簧夹，将采样器提出液面。

采集固体粉末及颗粒样品的采样器，分小型和大型两种。小型采样器为薄壁金属管，尖端部分可直接刺入包装袋，使样品沿管内壁流出，进行收集。大型采样器由金属管制成，尖端细长可插入样品深部，分成各段开孔并带活门。采样时，将采样器插入食品中，当达到一定深度时，反时针旋转采样器，使活门打开，食品分层进入采样孔中，并按层次留于采样器中。大型采样器适用于散装食品，如仓库、散装船、散堆的颗粒或粉末样品的采集。

各种采样工具的材料，均不得含有毒物质或干扰分析的污染物，以防止对样品的污染。

3. 食品样品的采集方法

具有相同属性的食品样品，应将样品尽可能混匀，保证所采集的样品具有代表性。对于液体或酱状半流体食品，可用液体搅拌器混匀。对于散装小颗粒及粉末状食品，将样品倒在一张大的纸或布上，轮流反复地提起纸或布的四角，予以混合。如果样品数量较大，可采用移堆法，将食品装入较大的筒中，来回滚动容器，使内装食品混匀。再用采样工具按三层（上、中、下层）五点（周围四点及中心）进行采样。

某些较难混匀的食品，如蔬菜、水果、鱼类、肉类，其本身各部位极不均匀，个体大小及成熟程度差异极大，即使同一个体，比如一个苹果，其向阳面和背阴面的维生素 C 含量也不同。由于食品样品具有不均匀性的特点，所以采样更要注意代表性。具体可按下述方法采样。

对个体较小的葱、葡萄、青菜、小鱼、小虾，可取其若干个整体，切碎，混匀取样。对个体较大的蔬菜水果，如青菜、大白菜、南瓜、西瓜等，可按成熟程度及个体大小的组成比例，选取其中部分个体。对每一个体按生长轴心，纵切成 4 或 8 等份，选取对角的 2 或 4 份，切碎混匀。个体大的鱼或肉类，可从若干个个体上切割少量可食部分，并将肥瘦分开，切碎混合，再按四分法缩分至检验需要量为止。

检验需要量应根据检验项目的多少和采用的方法来决定，一般每个食品样品采集 1.5kg 即可满足要求，并将样品分为检验、复验和备查三部分。

4. 食品样品的保存

食品样品的保存原则是防止污染。首先，凡是接触样品的器皿和手，必须清洁，不得带入新的污染物。采集好的样品要密封加盖。其次，要防止腐败变质。通常可采取低温冷藏，以降低酶的活性及抑制微生物的生长繁殖。在不影响分析工作的前提下，允许加乙醇或食盐，但不得加其他的防腐剂。采样后应尽快进行检验。第三，应稳定水分，即保持原有的水分含量，防止蒸发损失或干燥食品的吸湿，因为水分的含量直接影响食品中各物质的浓度和组成比例。对一些含水分多、分析项目多、一时不能测完的样品，可先测其水分，保存烘干样品，分析结果可通过折算变为鲜样品中某物质的含量。第四，应固定待测成分。某些待测成分不够稳定（如维生素 C）或容易挥发损失（如氰化物、有机磷农药），应结合分析方法，在采样时加入某些溶剂或试剂，使待测成分处于稳定状态，而不致引起损失。

食品样品保存时要求做到净、密、冷、快。

（1）净。采集样品的一切工具和容器必须保持清洁干净，不得含有被分析的物质。例如，分析某种金属成分，各种器具均不得含有该种金属成分。净也是防止污染和腐败变质的措施。

（2）密。样品包装应密闭以稳定水分，防止挥发造成成分损失，并避免在运输、保存过程中引进污染物质。

（3）冷。在冷藏下运输和保存，以降低食品内部的化学反应速度，抑制酶的活性，抑制细菌生长繁殖，同时可减少较高温度下的氧化损失。

（4）快。采样后应尽快进行分析，避免引起变化。

（二）食品样品的前处理

食品样品前处理，目的是除去干扰成分，使样品适合分析要求。样品前处理的效果，往往是决定分析成败的关键。

1.食品样品的常规处理

（1）除去非食用部分。食品检验是分析可食部分。对于通常不食用的部分，应先予以剔除。根据不同植物品种，需要剔除某些不食用的根、皮、茎、叶、壳、核等；在动物性食品中，常需剔除羽毛、鳞爪、骨、胃肠内容物、局部病灶，以及胆囊、甲状腺等腺体，剔除部分应计量。

（2）除去机械杂质。在检验食品样品前，应将一切肉眼可见的机械杂质从食品中剔除，如杂草、植物种子，树叶、泥土、沙石、昆虫、竹木碎片、铁屑、玻璃等异物。

（3）均匀化处理。样品到达实验室后，应进一步进行切碎、磨细、过筛和混匀的工作，使检验样品的各部分组成均匀一致——取出其中任何一部分，都能获得相同的分析结果。

常用的处理工具有微型粉碎机、球磨机、高速组织捣碎机、绞肉机等。各种机具应尽量选用惰性材料，如不锈钢、合金材料、玻璃、陶瓷、高强度塑料等。

2.食品样品的无机化处理

在测定食品中的无机成分时，必须使待测的金属或非金属转变成无机物的形式，将所有的有机物特别是与无机物结合的有机物破坏并且除去，以消除其对测定的干扰，这步操作，称为样品的无机化处理，主要可分为湿消化和干灰化两类。

须要注意的是两种消化方法各自的特点。干灰化法由于试剂用量少，产品的空白值较小，但对挥发性物质的损失较湿消化法为大，消化过程耗时较长。湿消化法是加入强氧化剂（如浓硝酸、高氯酸、高锰酸钾等），使样品被消化，而被测物质呈离子状态保存在溶液中，通常消化液即可直接用于测定。由于湿消化法是在溶液中进行的，反应也较缓和一些，因此被分析物质的损失就大大减少。湿消化法常用于某些极易挥发损失的物质，消化时间短，而且挥发性物质损失较少。除了汞以外，大部分金属的测定都能得到良好的结果。但其试剂用量较大，对环境污染较严重，劳动强度也较大。

3. 有机物的分离和提取

对于食品中各种有机成分的测定可以采取多种前处理手段，将被测成分或干扰物从样品基体中分离出来，以利于分析测定。可根据样品的种类、被测成分和干扰成分的性质差异，选择合适的分离方法。常用的方法有蒸馏法（常压蒸馏、减压蒸馏、水蒸气蒸馏）、萃取法、磺化法和皂化法、色层分离法等。

三、食品中营养成分分析

食品的营养成分有蛋白质、脂肪、碳水化合物、维生素、无机盐（包括微量元素）和水共六大类。其中，蛋白质、脂肪、碳水化合物和水分为主要成分；维生素和微量元素为微量成分，它们对人体健康具有重要性，是必不可少的营养成分。

（一）食品中水分的测定

水分是食品的天然成分，通常不看作营养素，但它是动植物体内不可缺少的重要成分，具有极重要的生理意义。它是营养素和代谢产物的溶剂，是使体内进行化学反应的必要条件，在调节体温、润滑关节和肌肉、减少摩擦等方面都有重要的作用。

1. 测定水分的意义

食品中水分的多少，直接影响食品的感官性状，影响胶体状态的形成和稳定。水分直接改变食品的组成比例，改变营养素及有害物质的浓度。食品中的水分是微生物生长繁殖的重要条件，控制食品水分，可防止食品腐败变质和营养成分的水解。水分过多的食品不易保存。

因此，食品中水分的含量，是食品的重要质量指标，是食品保藏期限的决定因素，也是检查保存质量的依据，是食品生产、加工、贮存、运输、销售的重要条件和参数。测定食品中的水分，可增加其他测定项目数据的可比性，使食品在相同水分含量的基础上，进行各种物质浓度的比较。水分也是国家对某些食品的一项规定指标。例如，奶粉中水分不得超过 3%，肉松中水分不得超过 20%，等等。

2.水分的测定方法

食品中的水分通常是指游离水和结合水的总量。游离水是存在于动植物细胞外各种毛细管和腔体中的自由水，还包括吸附于食品颗粒表面的水；结合水主要指形成食品胶体状态的结合水，如蛋白质、淀粉水合作用和膨润吸收的水分，以及某些盐类的结晶水等。食品中的水分一般采用在95～105℃下加热烘烤或在减压下低温烘烤所减失的质量来表示。在此情况下，减失的质量并不完全是水，还包括食品中少量的易挥发成分，如醇类、芳香油、有机酸等，所以又称为干燥失重。但一般食品中此类挥发性物质较少，通称为食品水分。如果含挥发性物质较多，如某些发酵食品、挥发油和香料，则不能采用烘烤的方法，应采用蒸馏法进行测定。

（1）直接干燥法。直接干燥法为重量分析方法，是指称取一定量样品，在常压下于95～105℃进行烘烤，使食物中水分蒸发逸出，直到样品质量不再继续减轻至恒重。根据样品所减失的质量，来计算样品中含水的百分率。

直接干燥法适于多数样品特别是较干食品的水分测定，操作简单。通常在95～105℃温度中3～4h，即可达恒重。对黏稠样品，如酱类、乳类、含热淀粉的食物，水分蒸发较慢，可掺入经处理过的砂，帮助蒸发：可先在70～80℃温度中蒸去大部分水分，再提高温度烘烤。恒重是指前后两次烘烤称重，其质量的差异一般不超过2mg。油脂样品及含油脂多的食品，在烘烤过程中有时会先逐渐减轻，继而增重，这可能是由于油脂氧化所致。对此，可采取较低的温度烘烤，也可以按其中最轻的一次质量计算。

（2）减压干燥法。减压干燥法是指将样品在真空干燥箱中进行干燥。由于箱体密闭，抽气减压，水的沸点降低，从而加快样品的水分蒸发，缩短测定时间。采取较低温度烘烤，脂肪多的样品在高温下氧化；含糖量高的样品如糖果、糖浆，因高温造成脱水、碳化。低温还可防止某些食品在高温下由于表面蒸发过快，内部水分来不及逸出，使食品表面形成一层干涸膜（结痂），内部水分难以除尽的弊病。减压干燥法通常采用压力为40～55kPa，温度为50～60℃，2～3h即可达到恒重。适宜于胶冻状样品、高温易分解的样品，以及水分较多、挥发较慢的样品，如淀粉制品、豆制品、蛋制品、罐头食品、糖浆、蜂蜜、蔬菜、水果、味精、油脂等样品中水分的测定。

（3）蒸馏法。蒸馏法须采用水分蒸馏器。将样品与某些比水轻，而与水互不相溶的溶剂混合，放入球蒸馏瓶中，加热蒸馏瓶使有机溶剂蒸发，食物中水分也随即蒸发，进入冷凝器共同冷凝，回流于集水管中。由于有机溶剂比水轻，使集水管中的水在下层，有机溶剂在上层。当有机溶剂的高度超过集水管的支管时，又流回到蒸馏瓶中，冷凝的水则沉于集水管底。经过一段时间蒸馏，集水管水量不再增加时，读取水的体积，即为样品中含水量。常用的有机溶剂是甲苯或二甲苯。

蒸馏法与烘干法有很大的差别：烘干法是以烘烤后的损失质量为依据，而蒸馏法则是以通过加热蒸馏收集到的含水量为依据。能溶于甲苯或二甲苯的挥发性物质，不会干扰测定，因而特别适宜于含挥发性物质较多的食品样品。例如：含有醇类、醛类、有机酸类、挥发性酯类、芳香油、香辛料等样品，当采用烘干法时，结果往往偏高。采用蒸馏法时，它们溶入有机溶剂并与水分分开，得到的含水量更接近真实结果。本法适用于含水量较多，又有较多挥发性成分的样品测定，但所得结果较烘干法精度差，因集水管的最小刻度为 0.1mL，即 100mg 以下的质量变化为估计值。冷凝的水分有时呈小珠状黏附在冷凝器上，不能完全汇入集水管造成读数误差，也使结果不够精确。

（二）食品中蛋白质的测定

蛋白质是生命的物质基础，是保证生物体生长发育、新陈代谢和修补组织的原料。人体对蛋白质的需要量在一个时期内是固定的，一般成人每日需要从食品中摄入的蛋白质约为 75g。人体不能贮存蛋白质，必须不断从食品中得到补充；如果长期缺乏蛋白质，会引起严重疾病。

1. 测定食品中蛋白质的意义

测定食品中的蛋白质含量，可以了解食品质量，为合理调配膳食、保证不同人群的营养需要提供科学依据，也为监督食品生产加工过程提供数据。

蛋白质是由 20 余种氨基酸组成的高分子化合物，相对分子质量数万至数百万。多数氨基酸在人体内可以合成，但有 8 种氨基酸在人体内不能合成，必须从食物中获得，称为必需氨基酸，它们是赖氨酸、色氨酸、苯丙氨酸、苏氨酸、蛋氨酸、缬氨酸、亮氨酸、异亮氨酸。食品中的蛋白质，是由不同种类的氨基酸按不同的比例和组合方式联结而成。组成蛋白质的主要元素为碳、氢、氧、氮，少量或微量元素为硫、磷、铁、镁、碘等。蛋白质的含氮量比较恒定，为

15% ~ 17.6%，平均为 16%。

2. 食品中蛋白质的测定方法

测定蛋白质含量的方法，主要是采用凯氏定氮法。各种蛋白质有其恒定的含氮量，只要能准确测定出食物中的含氮量，即可推算出蛋白质的含量。多数蛋白质的平均含氮量为 16%，即每克氮推算出的蛋白质等于 100/16=6.25，6.25 为蛋白质的换算因子。不同的食品蛋白质含氮量略有差异，可采用不同的换算因子。

凯氏定氮法所测得的含氮量为食品中的总氮量，包括少量的非蛋白氮，如尿素氮、游离氨氮、生物碱氮、无机盐氮等。由定氮法计算所得蛋白质的量，称为粗蛋白。

凯氏定氮法的测定步骤主要有三步。首先，将食品中的蛋白质用硫酸消化，除去有机物质，使氮转变成硫酸铵。然后，用专门的蒸馏装置，使铵盐溶液在强碱性条件下释放出氨，通过蒸馏将氨与其他物质分开，并用硼酸溶液吸收氨。最后，以 0.1% 的亚甲蓝醇溶液与 0.2% 的甲基红醇溶液的等体积混合液为指示剂，用盐酸标准溶液进行滴定。根据滴定所消耗标准酸的量来计算氮及蛋白质的含量。

（三）食品中脂肪的测定

脂肪是食品中重要的营养成分之一，是人体热能的重要来源，每克脂肪在体内完全氧化能产生 38kJ 热量。脂肪能供给人体必需脂肪酸。脂肪还是脂溶性维生素（维生素 A、维生素 D、维生素 E、维生素 K）的良好溶剂，可帮助脂溶性维生素的吸收。脂肪与蛋白质结合生成的脂蛋白，在调节人体生理机能和完成体内生化反应方面都具有重要作用。因此，脂肪含量是各类食品的重要质量指标。

食品中的脂肪有两种存在形式，即游离脂肪和结合脂肪，大多数食品中结合脂肪含量较少。食品中还有少量脂溶性成分，如脂肪酸、高级醇、固醇、蜡质、色素等，与脂肪混在一起，并能溶于乙醚、石油醚等有机溶剂。

食品中的游离脂肪能溶于有机溶剂，但乳类脂肪虽然也属游离脂肪，因脂肪球被乳中酪蛋白钙盐包裹，又处于高度均匀的胶体分散体系中，不能直接被有机溶剂萃取，必须先经氨水处理后才能被萃取。食品中的结合脂肪也不能被有机溶剂萃取，必须在一定条件下进行水解并转变成游离脂肪后，才能被萃取。

测定食品中脂肪的方法，主要采用重量法，即将食品加乙醚或石油醚等有机溶剂浸泡，并在索氏提取器中连续萃取数小时，然后挥干溶剂进行称重。在此条件下游离脂肪和脂溶性成分均能被有机溶剂萃取，所测得的脂肪含量，称为粗脂肪。如果在用有机溶剂萃取以前，先加酸或碱进行处理，使食品中的结合脂肪水解出游离脂肪，再用有机溶剂萃取，所测得的脂肪含量，称为总脂肪。所用的测定方法，称为酸水解法和碱水解法。

1. 索氏提取法

索氏提取法是测定脂肪的经典方法，所用的仪器装置，称为索氏提取器。索氏提取器由球瓶、提取筒和冷凝管三部分组成，各部分用磨砂玻璃密合。球瓶内盛放有机溶剂，经水浴加热使溶剂不断蒸发。提取筒内盛放用滤纸包好的样品，提取筒左侧有一较粗的玻管，连通球瓶与冷凝管，使溶剂蒸汽进入冷凝器冷凝后，不断滴入提取筒内。溶剂在此与样品充分接触，溶解其中的脂肪。提取筒右侧有一较细的虹吸管，当提取筒内液体的高度超过虹吸管顶部时，提取筒中的有机溶剂连同溶出的脂肪，一并被虹吸出来，流回球瓶。流回球瓶的有机溶剂遇热再蒸发，再一次冷凝，浸泡样品中脂肪，而球瓶内的脂肪由于不挥发，仍留在球瓶。经过一定时间后，溶剂不断蒸发、冷凝，样品受到一次次新鲜溶剂的浸泡，直到样品中所有的脂肪完全溶出为止。取出装样品的滤纸包，经烘干后称取滤纸包减轻的质量，便可测得食品中粗脂肪的含量。

要注意：样品应充分干燥和磨细，仪器必须密闭吻合，不得在接口处涂抹凡士林。在一组仪器中放入数份样品，因为样品中脂肪被提取的条件完全一致，可得较好的平行结果。

2. 酸水解法

食品样品经加酸加热，使其中的结合脂肪水解成游离脂肪和蛋白质，加乙醇沉淀蛋白质，然后用乙醚—石油醚混合液进行萃取，蒸干溶剂后称重，便可测得食品中脂肪的含量。由于酸水解法能使结合脂肪水解出游离脂肪，连同原来存在于食品中的游离脂肪和少量脂溶性成分，均能被醚萃取。所以，用酸水解法测得的脂肪含量称为总脂肪。

操作程序是：称取混匀的固体样品 2 ~ 5g，加水 8mL、盐酸 10mL（或取液体样品 10g，加盐酸 10mL），置于 70 ~ 80℃水浴中，加热 40 ~ 50min，不时搅拌。取出待稍冷后，加入乙醇并振摇，使蛋白质沉淀。再加 1∶1 的乙醚—石油醚混合液进行振摇提取。静置分层后，准确取出一定体积的醚层，放入已恒重的小锥形瓶，在水浴上蒸干，置于 100 ~ 105℃烘箱干燥 2h，放在干燥器中冷却至室温称重，并计算食品中总脂肪的含量。

本法适用于各类食品中脂肪的测定，对固体、半固体或液体食品均适用。特别是对于容易吸湿、结块、不易烘干的食品，当不能采用索氏提取法测定时，应用此法效果较好。

3. 碱水解法

本法只是用氨水代替盐酸，使乳中的酪蛋白钙盐溶解，并破坏胶体状态，释放出脂肪，再用乙醚—石油醚混合液萃取。其原理及操作要点均与酸水解法类似。

碱水解法适用于乳、乳制品及含有乳类食品中脂肪的测定。

第二节　环境卫生理化检验

一、公共场所样品采集方法及处理

（一）空气微生物样品采集及处理

1. 撞击法

（1）选择有代表性的位置设置采样点。将采样器消毒，按仪器使用说明进行采样。

（2）样品采完后，将带菌营养琼脂平板置（36±1）℃恒温箱中，培养48小时，计数菌落数，并根据采样器的流量和采样时间，换算成每立方米空气中的菌落数。以 CFU/m^3 为单位报告结果。

（3）选择撞击式空气微生物采样器的基本要求：①对空气中细菌捕获率达95%。②操作简单，携带方便，性能稳定，便于消毒。

2. 自然沉降法

（1）设置采样点时，应根据现场的大小，选择有代表性的位置作为空气细菌检测的采样点。通常设置 5 个采样点，即室内墙角对角线交点为 1 个采样点，该交点与四墙角连线的中点为另外 4 个采样点。采样高度为 1.2 ~ 1.5m。采样点应远离墙壁 1m 以上，并避开空调、门窗等空气流通处。

（2）将营养琼脂平板置于采样点处，打开平皿盖，暴露 5 分钟，盖上平皿盖，翻转平板，置（36±1）℃恒温箱中，培养 48 小时。

（3）计数每块平板上生长的菌落数，求出全部采样点的平均菌落数。以 CFU/mL 为单位报告结果。

（二）茶具微生物检测样品采集及处理

1. 细菌总数测定

（1）随机抽取清洗消毒后准备使用的茶具。

（2）用灭菌生理盐水湿润棉拭子，在茶具内、外缘涂抹 50cm²，即 1 ~ 1.5cm 高处一圈（口唇接触处）。用灭菌剪刀剪去棉签手接触的部位，将棉拭子放入 10mL 生理盐水内，4 小时内送检。

（3）将放有棉拭子的试管充分振摇。此液为 1 : 10 稀释液。

（4）以无菌操作吸取 2mL 检样，分别注入两块灭菌平皿内，每皿 1mL。如果污染严重，可 10 倍递增稀释，即吸取 1mL 加到 9mL 灭菌生理盐水中，混匀。此液为 1 : 100 稀释液。每个稀释度做两块平皿。

2. 大肠菌群测定

（1）随机抽取清洗消毒后准备使用的茶具。

（2）采用涂抹法检测时，可用上述测定细菌总数采集的样品，无须重采。采用纸片法检测时，用灭菌生理盐水湿润 5cm×5cm 大肠菌群快速测定纸片 2 张，分别粘贴在茶具内、外缘口唇接触处，约 30s 后取下，置于无菌塑料袋内。

（三）毛巾、床上卧具微生物检测样品采集及处理

1. 细菌总数测定

（1）随机抽取清洗消毒后准备使用的毛巾、床上卧具。

（2）用灭菌生理盐水湿润棉拭子，在毛巾、枕巾对折后两面的中央各 25cm²（5cm×5cm）面积范围，在床单、被单上下两部分各 25cm² 面积范围内有顺序地来回涂抹，用灭菌剪刀剪去棉签手接触的部位，将棉拭子放入 10mL 生理盐水内，

4小时内送检。

（3）将放有棉拭子的试管充分振摇。此液为 1：10 稀释液。

（4）以无菌操作吸取 2mL 检样，分别注入两块灭菌平皿内，每皿 1mL。如果污染严重，可 10 倍递增稀释，即吸取 1mL 加到 9mL 灭菌生理盐水中，混匀。此液为 1：100 稀释液。每个稀释度做两块平皿。

2.大肠菌群测定

（1）随机抽取清洗消毒后准备使用的毛巾、床上卧具。

（2）采用涂抹法检测时可用上述测定细菌总数采集的样品，无须重采。采用纸片法检测时，用灭菌生理盐水湿润 5cm×5cm 大肠菌群快速测定纸片 2 张，分别粘贴在毛巾、床上卧具规定部位和面积范围内，约 30s 后取下，置于无菌塑料袋内。

（四）理发用具微生物检测样品采集及处理

1.大肠菌群测定

采样应在无菌操作下进行。将蘸有无菌生理盐水的无菌棉拭子在推子前部上下均匀各涂抹 3 次，或在使用的刀、剪刀的两侧各涂抹 1 次采样。将采样后的棉拭子剪去手接触部位，放入 10mL 灭菌生理盐水中，充分振摇，取 5mL 放入双料乳糖胆盐发酵管中，置（36±1）℃温箱培养 24 小时。

2.金黄色葡萄球菌测定

采样方法同理发用具微生物标准检验方法中大肠菌群检测的采样，可将大肠菌群检测后剩余的 5mL 待检样品进行金黄色葡萄球菌测定。

（五）拖鞋真菌和酵母菌测定

（1）将无菌棉拭子蘸取无菌生理盐水，在每只拖鞋鞋面与脚趾接触处 5cm×5cm 面积上，有顺序地均匀涂抹 3 次（1 双拖鞋为 1 份样品）后，用灭菌剪刀将棉拭子手执部分剪断，将棉拭子放入 10mL 装有玻璃珠的无菌盐水管中。

（2）将盛有棉拭子的盐水管在手心用力振荡 100 次，再用带橡皮乳头的 1mL 灭菌吸管反复吹吸 50 次，使真菌孢子充分散开。此液为 1：10 稀释液。

（3）用灭菌吸管吸取 1：10 检液 2mL，分别注入两个灭菌平皿内，每皿 1mL。另取 1mL 注入 9mL 加有玻璃珠的灭菌盐水管中，换一支 1mL 灭菌吸管吹吸 5 次。此液为 1∶100 稀释液。

（4）按上述操作顺序做 10 倍递增稀释液，每稀释 1 次，换一支 1mL 灭菌吸管。根据样品的污染情况，选择 3 个合适的稀释度。

（5）将溶化并冷却至 45℃左右的培养基注入灭菌的平皿中，待琼脂凝固后，倒置于 25 ~ 28℃温箱中。3 天后开始观察，共培养观察 1 周。

注：1 只拖鞋的涂抹面积是 5cm×5cm=25cm²；1 双拖鞋的涂抹面积则为 25cm²×2=50cm²。

（六）游泳池水微生物标准检验方法

1.细菌总数测定

（1）采样瓶的要求和预处理用于微生物分析的采样瓶要无酸、无碱、无毒的玻璃容器。采样瓶在灭菌前加入足量的 10%（g/mL）的硫代硫酸钠溶液。一般情况下，125mL 的采样瓶加 0.1mL，加完后 121℃高压灭菌 20 分钟。

（2）用灭菌吸管吸取均匀水样 1mL，注入灭菌平皿内，另取 1mL 注入另一个灭菌平皿内做平行接种。在取 1mL 加到 9mL 无菌生理盐水中进行 1∶10 稀释，混匀后取 2mL 分别加到两个无菌平皿内，每皿 1mL。

（3）将溶化并冷却至 45℃的营养琼脂培养基倾注平皿内，每皿约 15mL，另取一个不加样品的无菌平皿进行空白对照。立即旋摇平皿，使水样和培养基充分混匀。待琼脂凝固后翻转平皿，置（36±1）℃恒温箱内培养 48 小时。

2.大肠菌群测定

（1）多管发酵法。在两个装有 50mL 三倍浓缩乳糖胆盐培养液的大试管或烧杯内各加入水样 100mL。在 10 支装有 5mL 三倍浓缩乳糖胆盐培养液的试管里各加入水样 10mL。轻摇试管，使液体充分混匀，置（36±1）℃培养箱中，培养 24 小时。观察每管是否产气，如不产气则报告为大肠菌群阴性；若有气体产生则为推测性试验阳性，需做进一步的证实试验。

（2）滤膜法。①滤膜灭菌。将滤膜放入含蒸馏水的烧杯中，煮沸灭菌 3 次，每次 15 分钟。前两次煮沸后需更换水洗涤 2~3 次，以除去残留溶剂。②滤器灭菌。用 121℃高压灭菌 20 分钟或用点燃的酒精棉球火焰灭菌。③水样过滤。用无菌镊子夹取灭菌滤膜边缘部分，将粗糙面向上，贴放在滤床上。固定好滤器，将 100mL 水样（如水样含菌数较多，可减少滤水样量或将水样稀释）注入滤器中，打开滤器阀门，在 –0.5kPa 大气压下抽滤。④培养。水样滤完后，再抽气约 5s，关上滤器阀门，取下滤器。用灭菌镊子夹取滤膜边缘部分，移放在乳糖琼脂分离培养基上，滤膜截留细菌面向上，滤膜应与培养基完全贴紧，两者之间不得留有气泡。然后将平皿倒置，放入（36±1）℃恒温箱内培养 18～24 小时。

（七）浴盆、脸（脚）盆微生物标准检验方法自求

1. 细菌总数测定

（1）采样必须在无菌操作下进行，采样用具应高压灭菌 121℃ 20min。

（2）采样部位，选择在盆内侧壁 1/2 至 1/3 高度采样。

（3）采样布点，浴盆可在四壁及盆底呈梅花布点，脸（脚）盆可在相对两侧壁布点。

（4）采样方法。①涂抹法。用浸有无菌生理盐水的棉拭子在规格板（5cm×5cm）内来回均匀涂满整个方格，并随之转动棉拭子，剪去手接触部位后，将涂抹浴盆的 5 个棉拭子一并放入 125mL 的生理盐水烧瓶中，涂抹脸（脚）盆的两个棉拭子一并放入 50mL 的生理盐水三角烧瓶中，充分振摇或在旋涡振荡器上振荡 1min，此 1mL 的菌浓度相当于 $1cm^2$ 的菌量。②斑贴法。将 5cm×5cm 无菌滤纸片放入灭菌平皿中，注入灭菌生理盐水 1mL/ 片（吸满为止），以无菌操作将滤纸片贴到采样部位，1min 后按序取下，将贴浴盆的 5 片滤纸一并放入 125mL 生理盐水瓶中，贴脸（脚）盆的两片滤纸一并放入 50mL 生理盐水瓶中，充分振摇或在旋涡振荡器上振荡 1min，此 1mL 的菌浓度相当于 $1cm^2$ 的菌量。

2. 大肠菌群测定

（1）涂抹法和斑贴法采样如同细菌总数测定，可用细菌总数检测后剩余的样品检测大肠菌群，无须重新采样。

（2）纸片法。用无菌生理盐水湿润大肠菌群快速测定纸片（5cm×5cm），分别贴在采样处，约 30s 取下，置无菌塑料袋内。

二、生活饮用水水质微生物检测样品采集及处理

（1）对容器的要求。容器及瓶塞、瓶盖应能经受灭菌的温度，并且在这个温度下不释放或产生任何能抑制生物活动或导致死亡或促进生长的化学物质。玻璃或聚丙烯塑料容器用自来水和洗涤剂洗涤，然后用自来水彻底冲洗。用硝酸溶液

（1：1）浸泡，再用自来水、蒸馏水洗净。

为了除去余氯，在灭菌前向容器里加入硫代硫酸钠以还原余氯 [每 125mL 水样加 0.1mL 硫代硫酸钠（100g/L）]。

（2）容器灭菌。热力灭菌是最可靠而普遍应用的方法。热力灭菌分干热灭菌和高压蒸汽灭菌两类。聚丙烯瓶只能用高压蒸汽灭菌，玻璃瓶可用两种方法灭菌。干热灭菌之后，玻璃容器是干燥的，便于保存和应用；高压蒸汽灭菌之后，应自灭菌器中取出放在烤箱内烤干，干热灭菌所需温度较高、时间较长。高压蒸汽灭菌法要求 121℃ 15min，即可杀死芽孢。干热灭菌法杀死芽孢需在 160 ~ 180℃温度中维持 2h。

三、医疗机构污水和污泥样品的采集和处理

（一）医疗机构污水的采样和样品处理

所采集的样品应具有代表性，采集后应立即登记，编写检验序号，并按检验要求尽快检验。如果不能及时检验，应将样品放置冰箱内保存，并应在 6 小时内检验。

1. 检测总余氯指标时样品的采集及处理

（1）所检测样品需在医疗机构污水最终排放口处用冲洗干净的玻璃容器采集。

（2）采样后应立即检测，避免强光、振荡及温热等因素的影响。为避免污水中悬浮性固体对检测结果的影响，可用离心机离心分离，弃去悬浮物沉淀。

（3）被测样品的温度应在 15 ~ 20℃。如果低于此温度，应先将盛样品的玻璃容器放入温水中，使其温度升至要求温度后，再测定数值。

2. 检测粪大肠菌群时样品的采集及处理

（1）用采水器或其他无菌容器采取污水样 1000mL，放入灭菌瓶内（加氯消毒处理的污水应加 1.5% 的硫代硫酸钠溶液 5mL 中和余氯）。

（2）采集好的水样应立即运往实验室检验，一般不宜超过 2 小时；否则应在 10℃下保存样品，但需在 6 小时内检测。

3. 检测沙门菌和志贺菌时样品的采集和处理

（1）用采水器或其他无菌容器采取污水样 1000mL，放入灭菌瓶内（加氯消

毒处理的污水应加 1.5% 的硫代硫酸钠溶液 5mL 中和余氯）。

（2）采集好的水样应立即运往实验室检验，一般不宜超过 2 小时；否则应在 10℃下保存样品，但需在 6 小时内检测。

（3）取污水 250mL，用无菌纱布或脱脂棉进行初滤，然后用滤膜进行抽滤。将初滤后的纱布或脱脂棉和滤膜放入相应的增菌液中进行增菌培养。

4. 检测结核杆菌时样品的采集和处理

（1）用采水器或其他无菌容器采取污水样 1000mL，放入灭菌瓶内（加氯消毒处理的污水应加 1.5% 的硫代硫酸钠溶液 5mL 中和余氯）。

（2）采集好的水样应立即运往实验室检验，一般不宜超过 2 小时；否则应在 10℃下保存样品，但需在 6 小时内检测。

（3）根据检验条件，可选用滤膜集菌法和离心集菌法进行集菌，然后进行接种和培养。①滤膜集菌法。采用经煮沸消毒的醋酸纤维素膜和特制的金属滤器，抽滤 500mL 污水。根据悬浮物的多少，1 份水样要更换数张滤膜。将同一份水样的滤膜集中于小烧杯中，用 4% 硫酸溶液反复冲洗，静置 30 分钟，收集洗液于离心管中，以 3000 转/分的速度离心 30 分钟，弃去上清液。沉淀物中加 1mL 灭菌生理盐水混合均匀后，供接种用。②离心集菌法。将水样 500mL 分装于 50mL 或 200mL 灭菌离心管中，以 3000 转/分的速度离心 30 分钟。同一份水样的沉淀物集中于试管中，加等量 4% 的硫酸处理 30 分钟，供接种用。如果体积过大，再次离心浓缩后接种。

（二）医疗机构污泥的采样和样品处理

所采集的样品应具有代表性，先把泥堆划分为 4 等份，然后在每份的中间，用无菌小铲各采集污泥 500g。同时，在泥堆的中间也采 500g，一并放入无菌陶瓷桶中，去除固体杂物后搅拌均匀，再从中取出 500g 置于无菌容器中带回实验室。对已经堆好的污泥堆，则根据需要，从污泥堆的表层（30cm 以内）和中层（深 50cm 以上）各采集 3 点，制成约 500g 的表层和中层的平均混合样品，置于无菌容器中带回实验室。

将现场带回的样品，倒入烧杯中。如果样品变干或结块时，可将其倒入无菌盘中，再行搅拌均匀，去掉肉眼可见的杂物，如腐烂的布条、草梗、小石块等，然后将样品装入广口瓶中，贴上标签，标明样品号码、医疗机构名称、采样日期等情况。样品采集后应按检验要求尽快检验；如不能及时检验，应将样品放置冰箱内保存，并应在6小时内检验。

1. 检测粪大肠菌值时样品的采集及处理

称取采集的污泥样品100g，溶解于100mL无菌生理盐水中，充分搅拌均匀，用无菌吸管吸取此混悬液2mL，加入发酵管中培养；并将此混悬液依次稀释后，吸取不同浓度的稀释液按检验要求接种发酵管培养。

2. 检测沙门菌时样品的采集和处理

称取采集的污泥样品30g，放入灭菌容器内，加入300mL无菌生理盐水，充分搅拌混匀，制成1∶10混悬液，用无菌吸管吸取此混悬液100mL加入相应增菌液中培养。

3. 检测结核杆菌时样品的采集和处理

称取采集的污泥样品10g，放入灭菌容器内，加入100mL无菌水冲洗过滤（滤纸漏斗），再经玻璃漏斗G2（孔径10～15μm）和G4（孔径3～4μm）抽滤，最后再经滤膜（孔径0.45～0.7μm）抽滤。取下滤膜，用4%的硫酸3mL，充分振荡冲洗30分钟。取上述酸性溶液各0.1mL，分别接种培养。

4. 检测蛔虫卵时样品的采集和处理

采集回的样品应立即检验；如不能立即检验，应加入3%或5%的甲醛或3%的盐酸溶液5～10mL，用平皿盖住广口瓶瓶口，然后放于冰箱内，以防止微生物繁殖和蛔虫卵的发育。

第五章 环境监测与生态保护

第一节 环境监测的目的与分类

一、环境化学分析与环境监测

人类的生活环境受到污染后，人们为了寻求环境质量变化的原因，开始研究污染物的性质、来源、含量水平及其分布状态。这种研究是以基本化学物质的定性、定量分析为基础的，这就是环境分析。环境分析的主要对象是各种污染物质，包括大气、水体、土壤和生物中的各种污染物。环境分析结果所反映的只能是某一时段、某一局部地点的污染特征值。这些数据往往不能全面、准确地定量描述污染源和环境污染状况的变化。

评价环境质量的好坏，仅凭对某一污染物进行某一地点、某一时刻的分析测定是不够的；必须对各种有关污染因素、环境因素在一定范围、时间、空间内进行测定，获取代表环境质量各种标志的数据，才能对环境质量做出确切评价。环境监测是长期从环境中定期地获取代表环境质量的信息，并通过对污染物变化趋势及其对环境影响的分析，从而制定污染防治对策的工作过程。广义上，环境监测是在一定时期内对污染因子进行重复测定，追踪污染物种类、浓度的变化；狭义上，是对污染物进行定期测定，判断是否达到环境标准或评价环境管理和环境系统控制的效果。环境监测包括对污染物分析测试的化学监测，也包括对各种物理因素（如热、噪声、振动、辐射和放射性等）的物理监测，还包括对生物（如病菌或霉菌等）的生物监测和对区域群落、种落等的生态监测。

环境分析化学是环境监测的基础，环境监测比环境化学包括的范围更广泛、更深刻，然而两者并无截然的分界线。环境监测的过程主要包括监测目标的确定、资料调研、初步监测方案设计、现场调查、监测计划设计、参数选择、优化布点、样品采集与处理、质量保证方案、分析测试、数据处理、综合评价等。

二、环境监测的目的

环境监测的目的是及时、准确、全面地反映环境质量现状及发展趋势，为环境管理、污染源控制、环境规划、环境评价提供科学依据。环境监测主要包括下列四个方面：

（1）根据环境质量标准评价环境质量，预测环境质量发展趋势。根据污染物造成的污染影响、污染物浓度的分布、发展势头和速度，追踪污染物的污染路线，建立污染物空间分布模型，为监督管理、控制污染提供科学依据。

（2）为制定环境法规、标准、规划、污染综合防治对策提供科学依据，并监测环境管理的效果。

（3）根据长期积累的监测资料，为研究环境容量以及实施环境质量控制、目标管理、预测预报提供科学依据。

（4）揭示新的污染问题，探明污染原因，确定新的污染物，研究新的监测方法，为环境科学研究提供科学数据。

环境监测被喻为"环保工作的耳目""定量管理的尺子"，通过监测获得的各种环境信息数据，是进行环保管理、科研、规划、立法及制定政策、进行决策的基础和依据，对经济建设和社会发展起着重要作用。

三、环境监测的分类

环境监测按监测目的和性质可分为以下三类。

（一）监视性监测（又称为例行监测或常规监测）

监视性监测是监测工作的主体，其工作质量是环境监测水平的标志。对指定的有关项目进行定期的长时间的监测，以确定环境质量及污染源状况、评价控制措施的效果、衡量环境标准实施情况和环境保护工作的进展。这类监测包括污染源监测和环境质量监测。污染源监测主要是掌握污染物排放浓度、排放强度、负荷总量、时空变化等，为强化环境管理和贯彻落实有关法规、标准、制度等提供技术支持。环境质量监测，主要是指定期定点对指定范围的大气、水质、噪声、辐射、生态等各项环境质量因素状况进行监测分析，为环境管理和决策提供依据。

（二）特种目的监测（又称为特例监测）

特种目的监测的内容、形式很多，但工作频率相对较低，主要包括污染事故监测、仲裁监测、考核验证监测、基线监测、健康监测、可再生资源监测和咨询服务监测七个方面。

（1）污染事故监测。在发生污染事故时进行应急监测，以确定污染物扩散方向、速度和危及范围，为控制污染提供依据。这类监测常采用流动监测（车、船等）、简易监测、低空航测、遥感等手段。

（2）仲裁监测。仲裁监测主要针对污染事故纠纷处理、环境法执行过程中所产生的矛盾进行监测。仲裁监测应由国家指定的权威部门进行，以提供具有法律效力的数据（公证数据），供执法、司法部门仲裁。

（3）考核验证监测。它主要是指设施验收、环境评价、机构认可和应急性监督监测能力考核等监测工作，包括人员考核、方法验证和污染治理项目竣工时的验收监测。

（4）基线监测。此类监测设在认为无污染的地区，为环境评价提供背景资料，这种监测多与气象站结合进行。

（5）健康监测。这是一种非常重要的监测，主要目的是了解环境对人体健康的影响。

（6）可再生资源监测。例如，土壤、草原、森林等自然资源的监测，主要是监测土壤退化趋势、热带雨林及牧场变化等。

（7）咨询服务监测。它是为政府部门、科研机构、生产单位提供的服务性监测。例如，建设新企业应进行环境影响评价，需要按评价要求进行监测。

（三）研究性监测（又称科研监测）

研究性监测是针对特定目的的科学研究而进行的高层次的监测。这类研究往往要求多学科合作进行，并且事先必须制订周密的研究计划。

除了上述分类外，环境监测按其监测对象可分为水质监测、空气监测、土壤监测、固体废物监测、生物监测、噪声和振动监测、电磁辐射监测、放射性监测、热监测、光监测等。按监测部门可分为基线监测（气象部门）、卫生监测（卫生部门）、例行监测（环境保护部门）和资源监测（资源管理部门）等。

四、环境监测的特点

环境监测以环境中的污染物为对象，这些污染物种类繁多，分布极广。因此，环境监测受对象、手段、时间和空间多变性、污染组分复杂性的影响，具有下列显著特点。

（一）环境监测的综合性

环境监测的对象涉及"三态"（气态、液态、固态）、"一波"（如热、电、磁、声、光、振动、辐射波等）以及生物等诸多客体；环境监测方法包括化学、物理、生物以及互相结合等多种方法；监测数据解析评价涉及自然科学、社会科学等许多领域，所以具有很强的综合性。只有综合应用各种手段，综合分析各种客体，综合评价各种信息，才能较为准确地揭示监测信息的内涵、说明环境质量状况。

（二）环境监测的连续性

由于环境污染具有时空变异性等特点，监测数据如同水文气象数据一样，累积时间越长越珍贵。只有在有代表性的监测点位连续监测，才能从大量的数据中揭示污染物的变化规律，预测其变化趋势。因此，监测网络、监测点位的选择一定要科学，而且一旦监测点位的代表性得到确认，必须长期坚持，以保证前后数据的可比性。

（三）环境监测的追踪性

要保证监测数据的准确性和可比性，就必须依靠可靠的量值传递体系进行数据的追踪溯源。根据这个特点，要建立环境监测质量保证体系。

（四）执法性

环境监测不同于一般检验测试，它除了需要及时、准确提供监测数据外，还要根据监测结果和综合分析结论，为主管部门提供决策建议，并按照授权对监测对象执行法规情况进行执法性监督控制。

五、环境监测的原则

在环境监测中，由于人力、监测手段、经济条件、仪器设备等的限制，不能包罗万象地监测分析所有的污染物，应根据需要和可能选择监测对象。

选择监测对象时应从以下四个方面考虑：

（1）针对污染物的性质（如自然性、毒性、扩散性、活性、持久性、生物可降解性和积累性等），选择那些污染物毒性大，或潜在毒性大，或污染趋势严重，影响范围大的污染物。

（2）对选择的污染物必须有可靠的测试手段和有效的分析方法，从而保证能获得准确、可靠、有代表性的数据。

（3）对监测数据能做出正确的解释和判断。如果监测数据无标准可循，又不了解对人体健康和生物的影响，会使监测工作陷入盲目性。

（4）优先监测原则。需要监测的项目往往很多，但不能同时进行，必须坚持优先监测的原则。有毒化学污染物的监测和控制，无疑是监测的重点。世界上已知的化学品超过1000万种，进入环境的化学物质已达数十万种。就目前的人力、物力、财力，人们不可能对每一种化学物质都进行监测，只能将潜在危险性大（难降解、具有生物积累性、毒性大和"三致"类物质）、在环境中出现频率高、残留高、检测方法成熟的化学物质定为优先监测目标，实施优先和重点监测。经过优先选择的污染物称为环境优先污染物，简称为优先污染物，对优先污染物进行的监测称为优先监测。

应该注意的是，在一定阶段，由于受各种因素限制，优选的有毒污染物控制名单只能反映当时的生产与科学技术发展状况。随着生产的发展和科学技术的进步，有毒污染物名单会经常发生变化。

第二节　环境监测的方法和技术

一、环境监测的方法

目前，测定环境污染物的方法主要有化学分析法、仪器分析法、生物监测法和分子生物学监测法四大类。

（一）化学分析法

化学分析法是环境监测分析的基础，主要包括重量法和容量法。其特点是：准确度较高，相对偏差一般小于 1%；方法简便，操作快速，所需器具简单，分析费用较低。但是灵敏度较低，仅适用于样品中常量组分的分析；选择性较差，在测定前需要对样品做烦琐的前处理。

（二）仪器分析法

仪器分析法亦称物理化学分析法，它是基于物质的物理或物理化学性质建立起来的一大类分析方法。此类分析方法一般具有灵敏度较高、选择性好、自动化程度高等特点，适用于痕量水平测定，在环境监测中普遍应用。光谱分析法、电化学分析法和色谱分析法（色质联用）为环境监测的三大主要分析方法。此外，还有中子活化分析方法、放射性同位素分析方法、电子探针、电子能谱等多种方法。但由于仪器设备较贵，对分析人员技术水平要求较高，目前尚未普遍使用。

（1）光谱分析法。它是利用光源照射试样，在试样中发生光的吸收、反射、透过、折射、散射、衍射等效应，或在外来能量激发下使试样中被测物发光，最终以仪器检测器接收到的光的强度与试样中待测组分含量间存在对应的定量关系而进行分析。环境监测中常用的有可见与紫外分光光度法、原子吸收分光光度法、化学发光法、非分散红外法、荧光光度法等。

（2）电化学分析法。它是仪器分析法中的另一个类别，是通过测定试样溶液电化学性质而对其中被测定组分进行定量分析的方法。环境监测中常用的电化学分析法有电导分析法、离子选择性电极法、电解分析法、库伦滴定法、毛细管电泳法、阳极溶出伏安法等。各种电化学分析法大多可实现自动化分析，很多方法被国家标准采纳而成为标准方法。

（3）色谱分析法。它可用于分析多组分混合物试样，主要是利用混合物中各组分在两相中溶解—挥发、吸附—脱附或其他亲和作用性能的差异，当作为固定相和流动相的两相做相对运动时，使试样中各待测组分在两相中得以分离后进行分析。在环境监测中常用的有气相色谱法（GC）、高效液相色谱法（HPLC）、薄层色谱法、离子色谱法等。色谱分析法承担着大多数有机污染物的分析任务。

（三）生物监测法

生物监测法是利用生物个体、种群或群落对环境污染及其随时间变化所产生的反应来显示环境污染状况。例如，根据指示植物叶片上出现的伤害症状，可对大气污染做出定性和定量的判断；利用水生生物受到污染物毒害所产生的生理机能（如鱼的血脂活力）变化，监测水质污染状况等。一般来说，生物监测法具有如下优点：能直接反映出环境质量对生态系统的综合影响；可以在大区域范围内密集布点和采样分析；分析费用较低。但由于环境影响因素众多、生物学过程复杂，结果可比性差，应用受到一定限制。

（四）分子生物学监测法

分子生物学监测包括酶分析法、免疫分析法、分子生物学技术、生物传感器和生物芯片等，这类方法特异性强、灵敏度高。

随着技术水平的不断提高，每一项环境监测项目都有可供选择的多种不同分析方法，而正确选择监测分析方法是获得准确结果的关键因素之一。在众多分析方法中应优先选用标准分析方法或通用分析方法。选用标准分析方法时，应本着企业标准服从行业标准、行业标准服从国家标准、旧标准服从新标准、国内标准尽量与国际接轨的原则，保证结果的可靠性。

二、环境监测分析发展趋势

环境监测分析发展迅速，不仅广泛应用了现代分析化学中的各项新成果，而且不断引进近代化学、物理、数学、电子学、生物学和其他学科的最新技术来解决环境问题。环境监测分析发展的趋势如下所述。

（一）分析方法标准化

分析方法标准化是环境监测的基础和核心环节。环境质量评价和环境保护规划的制定和执行都要以环境监测数据作为依据，因而必须研究制定一整套标准分析方法，以保证分析数据的可靠性和准确性。

（二）多种方法和仪器的联合使用

为了更好地解决环境监测中繁杂的分析技术问题，近年来已越来越多地采用仪器联用的方法。例如，气相色谱—质谱联用（GC–MS）、液相色谱—质谱联用（LC–MS）、电感耦合等离子体—质谱联用（ICP–MS）、微波等离子体—质谱联用（MP–MS）等，可用于解决环境监测中有关污染物特别是有机污染物分析的大量疑难问题。随着技术进步，甚至可以3种仪器联用，如液相色谱—电感耦合等离子体—质谱联用（HPLC–ICP–MS），通过液相色谱分离不同形态的重金属，然后通过 ICP–MS 检测分离出的不同形态重金属的含量。

（三）分析技术连续自动化

环境监测分析逐渐由经典的化学分析过渡到仪器分析，由手工操作过渡到连续自动化的操作。我国相继建立了水质、大气质量连续自动分析监测系统。从采样点的布局、选择、采样、样品处理、分析测试到数据存储、传输都能实现连续自动化。

（四）污染物形态分析

污染物形态是指污染物在环境中呈现的化学状态、价态和异构状态。不同形态的污染物在环境中有不同的行为过程，并且在不同的条件下可转变为其他形态，其毒性和危害性也不同。了解污染物在环境中存在的形态，对深入认识其环境行为、正确评价其对环境的影响具有非常重要的意义。因此，形态分析技术的研究成为今后环境监测分析的发展方向之一。

（五）现场简易监测分析仪器和技术的研究

突发性环境污染事故的不断发生给环境监测分析人员提出了重要课题。除了实施预防性监测分析外，还必须进行快速简易测定技术的研究以及便携式现场测试仪器的研制。现场快速测定技术主要有以下五类：试纸法、水质速测管法显色反应型、大气速测管法填充管型、化学测试组件法、便携式分析仪器测定法。

第三节　环境标准

一、环境标准的分类和分级

环境标准是为了防治环境污染、保护人类健康、促进生态良性循环，获得最佳的环境效益和经济效益，对环境和污染物排放源中有害因素的限量阈值及其配套措施所做的统一规定。环境标准是政策、法规的具体体现。

环境标准不是一成不变的，它与一定时期的技术经济水平以及环境污染与破坏的状况相适应，并随着技术经济的发展、环境保护要求的提高、环境监测技术的不断进步及仪器普及程度的提高而进行及时调整或更新的。通常几年修订一次，在使用时应执行最新的标准。

中国的环境标准分为国家标准和地方标准两级。国家环境标准分为环境质量标准、污染物排放标准（或污染控制标准）、环境基础标准、环境方法标准、环境标准物质标准和环保仪器、设备标准六类。其中，环境基础标准、环境方法标准和标准物质标准只有国家标准，并且尽量与国际接轨。

（一）环境质量标准

环境质量标准是为了保护人类健康、维持生态良性平衡和保障社会物质财富，并考虑经济技术条件，对环境中有害物质和因素所做的限制性规定，是环境标准的核心。这类标准反映了人类和生态系统对环境质量的综合要求，也考虑了控制污染危害在技术上的可行性和经济上的承担能力。它是衡量环境质量、开展环境保护的依据，也是制定污染物控制标准的基础。

（二）污染物排放标准

污染物排放标准是对污染源污染物的允许排放量和排放浓度所做的具体限定。制定这种标准的目的在于直接控制污染源，从而达到减轻或防止环境污染的目的。实行污染物排放标准的结果，应使环境质量标准得以实现。由于中国幅员辽阔，各地情况差别较大，因此不少省市制定了地方排放标准，以起到对国家标准补充、完善的作用，但应该符合以下两点：规定国家标准中所没有规定的项目；规定国家标准中已有的项目时，地方标准应严于国家标准。

（三）环境基础标准

环境基础标准是指为确定环境质量标准、污染物排放标准以及其他环境保护工作而对各种有指导意义的符号、代号、指南、导则、程序、规范等所做的统一规定，是制定其他环境标准的基础和技术依据。我国的环境基础标准主要有四类：环境管理类、环保名词术语类、环保图形符号类及环境信息分类与编码类。

（四）环境方法标准

环境方法标准是在环境保护工作中以采样、分析、试验、抽样、统计计算等为对象制定的标准，是环境标准化工作的基础。环境监测方法标准按照水环境、大气环境、固体废弃物、土壤环境、物理环境等不同类别分别制定。环境监测方法标准只有国家标准。

（五）环境标准物质标准

环境标准物质是在环境保护工作中用来校正监测分析仪器、评价实验方法、进行量值传递或质量控制的材料或物质。对这类材料或物质必须达到的要求所做的规定称为环境标准物质标准。

（六）环保仪器及设备标准

环保仪器及设备标准是为了保证污染治理设备的效率和环境监测数据的可靠性和可比性，对环境保护仪器、设备的技术要求所做的统一规定。

方法标准、样品标准和基础标准等为环境质量标准和污染物排放标准的实施提供了技术保障。

按照《中华人民共和国标准化法》的规定，环境标准也分为强制性国家环境标准（代号"GB"）和推荐性国家环境标准（代号"GB/T"）两种。强制性标准必须执行，属于此类标准的有环境质量标准、污染排放标准、行政法规规定必须执行的其他环境标准。强制性环境标准以外的环境标准属于推荐性环境标准。

二、环境标准的作用

（一）环境标准是国家环境保护法规的重要组成部分

我国环境标准具有法规约束性，是我国环境保护法规所赋予的。

（二）环境标准是制定环境规划、环境保护计划的依据

环境标准是环境保护工作的目标，环境规划的目标主要是用标准来表示的。我国环境质量标准就是将环境规划总目标依据环境组成要素和控制项目在规划时间和空间予以分解并定量化的产物。

（三）环境标准是判断环境质量和衡量环保工作的准绳

评价一个地区环境质量的优劣、评价一个企业对环境的影响，只有依靠环境标准，才能做出定量化的比较和评价，从而为控制环境质量、进行环境污染综合整治，以及设计切实可行的治理方案提供科学依据。

（四）环境标准是环境保护行政主管部门执法的依据

环境标准是强化环境管理的核心，环境问题的诉讼、排污费的收取、污染治理的目标等执法的依据都是环境标准。

（五）环境标准是推动环保科技进步的动力

提供实施标准可以制止任意排污，促使企业对污染进行治理和管理，采用先进的无污染、少污染的工艺，更新设备；使标准在某种程度上成为判断污染防治技术、生产工艺与设备是否先进可行的依据，成为筛选、评价环保科技成果的一个重要尺度。

第四节　环境监测在生态环境保护中的作用与措施

一、环境监测与生态环境保护现状

环境监测的系统性和实践性比较强。在落实这一工作的过程中，相关管理工作人员需要着眼于环境监测的现实条件，在全面分析以及研究时提出相应的参考。目前，监测环境监测报告工作不够理想，相关的管理部门忽略了社会监测环节，所发挥的作用比较有限，采取的环境监测技术落后于时代发展的要求。监测技术人员的综合素质还有待提升，工作质量和工作效率不够理想。忽略了环境监测制度的有效改造以及全面升级，所提出的工作制度以及工作策略缺乏一定的针对性以及可行性，环境监测方案与实质的环境保护工作存在明显的区别。有的管理工作人员没有站在宏观发展的角度、以环境保护为目的积极落实环境监测工作，无视信息的有效总结，没有严格按照不同阶段的监测工作开展要求进行全面的协调。生态环境保护技术以监测技术的优化升级为核心，但是这一工作直接被无视。这一点违背了市场经济发展的现实要求，也不利于生态环境保护工作的有效落实以及开展。

二、环境监测在生态环境保护中的作用

在落实生态环境保护工作的过程中，环境监测所发挥的作用较小，实质的工作质量和工作效率与运行目标差距较为明显。作为环境保护工作顺利开展的重要前提，环境监测工作的重要性不言而喻，不管是环境执法、环境监督以及科学管理环境工作，都需要以环境监测为基础和前提。环境监测主要着眼于环境的具体状况以及环境质量，在全面检测以及测定的基础上提出相应的参考对策，明确不同的监测环境质量指标，并以此为前提了解具体的环境质量以及环境污染程度。综合考量不同的影响要素，及时得出科学、准确的环境监测数据，为主管部门的决策提供相应的参考。

环境监测工作的难度系数相对偏高，对工作人员的综合能力和专业素养是一个较大的挑战，政府部门需要参与其中。与其他的管理工作相比，环境监测工作对外部环境的要求相对比较高，环境监测机构需要具备一定的资质，高效完成相关的管理工作。从微观角度上来看，环境监测主要以化学指标、生态系统、物理指标分析为基础，着眼于物理、能量、因子以及化学污染检测的工作要求，对噪声、振动、热能、电磁辐射以及放射性物质进行分析。生态监测则比较复杂，以生态因素为基础，所产生的各种环境质量问题最为关键，一方面需要关注对信息的有效监测，另一方面需要以总体迁移和区域群众的有效监测和观察为基础和前提，着眼于整个环境监测的全过程进行分析。

因此，有的学者明确提出，环境监测工作比较复杂，需要用到物理、生物、医学、遥测、遥感、计算机化学等各个方面的知识，在全面优化以及升级的基础上更好地满足不同的检测要求，确保环境监测结果的可信度以及指导价值。

在落实环境保护工作的过程中，工作人员可以灵活利用环境监测技术，对城市以及农村的废弃物污水排放进行分析以及监测。其中，计算机系统所发挥的作用较为显著，有助于数据分析和数据统计，工作人员需要以此为依据，落实好农村以及城市的改造工作。在推进城镇化进程的过程中，私家车的保有量有所提升，各种尾气污染问题也备受关注；管理工作人员可以结合这一现实条件，积极了解城市雾霾排放情况，并提出相应的控制对策。尽管我国着眼于这一工作的改革要求提出了相应的规章制度，积极为生态环境保护工作以及环境监测工作提供

相应的制度参考，但是现有的法律法规以及规章制度在执行的过程中遇到了诸多困难及障碍。

环境监测技术的引进就可以突破这一现实困境。加强对不同地区环境情况的有效监督以及管理，尽量避免违规操作，确保信息的真实性以及可靠性。法律手段所发挥的作用非常明显，有助于更好地打击各种环境污染行为。对于大气、污水以及土壤等重点监测工作来说，环境监测技术能够真正突出不同的工作重点，根据各个阶段的生态环境保护规划工作以及工作方案来进行相应的调整，将本地区的环境污染系数控制在最低的水平，为后一阶段的生态自然环境改进工作提供相应的参考以及数据支持。

三、环境监测在生态环境保护中的措施

（一）提升工作人员监测素质

管理部门需要关注对监测人员综合能力以及水平的提升，积极落实好生态环境保护工作以及环境监测工作。以训练课程的进一步开展为依据，确保专业人员主动参与其中，深化工作人员对环境监测信息技术的理解以及认知，真正实现熟练操作。管理学、计算机学、法律法规的学习最为关键，这一点对专业人员提出了较高的要求；管理层需要给予专业人员更多展示自我以及学习提升的机会，积极促进各类知识型主题讲座的有效开展。在会议总结的过程中调动工作人员的积极性，保证其能够主动学习同行的优秀做法及经验，提升工作人员的临场应变能力以及综合素质，为环境监测工作的开展做好准备工作。

（二）灵活利用环境监测技术

在开展环境监测工作之前，管理工作人员需要深入了解环境监测工作的具体内容，通过对人文因素、污染程度、自然因素的深入分析以及研究，着眼于以往的工作案例和经验，精心选择监测技术。以先进环境监测技术为主体，将化学技术和物理技术融为一体，真正实现全方位的监测以及宏观协调，保障工作质量和工作水平的稳定提升。

（三）建立质量监督机制

环境监测工作的难度系数相对偏高，包含不同的工作要求及标准。为了尽量避免工作失误和偏差，管理层需要将定期检查和不定期的抽查融为一体，构建完善的质量监督机制。加强对管理工作人员的监督以及考量，保证其能够意识到个人的工作价值以及作用，积极调整个人的工作思路，主动接受上级主管部门的监督和教育，充分彰显环境监测工作的重要作用及优势，保障环境质量及水平的综合提升。

第六章　环境污染生物监测

第一节　生物污染监测

一、概述

环境污染物对农业生产的直接对象——农作物和畜禽会产生极大的影响，而后者直接关系到人类的食物。因此，在农业环境保护和农业环境监测中把环境污染物对动物和植物的污染途径、分布、毒害、症状、监测项目等作为研究的重点。

生物（动物和植物）都是直接或间接地从大气、水体和土壤中吸取营养的。当大气、水体和土壤受到污染后，生物在吸取养分的同时，要吸收并积累一些有害的物质，从而使生物也遭到污染。人们食用了被污染的生物后，当然也会受到危害。因此，生物监测也是以保持生物的生存条件、维持生态平衡、保护人体健康为目的的一项工作，是环境监测的组成部分。其内容包括动物、植物组织中各种有害物质的测定。

（一）生物污染形式

生物受污染的途径主要有表面附着、生物吸收和生物浓缩三种形式。

1. 表面附着

表面附着是指污染物附着在生物体表面的现象。例如，施用农药或大气中的粉尘降落时，部分农药或粉尘以物理的方式黏附在植物表面，其附着量与作物的表面积大小、表面性质及污染物的性质、状态有关。表面积大、表面粗糙、有茸毛的作物附着量比表面积小、表面光滑的作物大；作物对黏度大的污染物、乳剂比对黏度小的污染物、粉剂附着量大。附着在作物表面上的污染物，可因蒸发、风吹或随雨水流失而脱离作物表面。脂溶性或内吸传导性农药，可渗入作物表面的蜡质层或组织内部，被吸收、输导分布到植株汁液中。这些农药在外界条件和体内酶的作用下逐渐降解、消失，但稳定性农药的这种分解、消失速度缓慢，直到作物收获时往往还有一定的残留量。试验结果表明，作物体上残留农药量的减少通常与施药后的间隔时间呈指数函数关系。

2. 生物吸收

大气、水体和土壤中的污染物，可经生物体各器官的主动吸收和被动吸收进入生物体。主动吸收即代谢吸收，是指细胞利用生物特有的代谢作用所产生的能量而进行的吸收作用。细胞利用这种吸收能把浓度差逆向的外界物质引入细胞内。例如，水生植物和水生动物将水体中的污染物质吸收，并成百倍、千倍甚至数万倍地浓缩，就是靠这种代谢吸收。

被动吸收即物理吸收，这是一种依靠外液与原生质的浓度差，通过溶质的扩散作用而实现的吸收过程，不需要供应能量。此时，溶质的分子或离子借分子扩散运动由浓度高的外液通过生物膜流向浓度低的原生质，直至浓度达到均一为止。

毒理学是研究化学物质对生物体毒性作用的性质和机理、对机体发生毒害作用的严重程度及其频率进行定量评价的科学，着重探讨化学物质对机体的危害以及避免危害的安全量。

环境毒理学是现代毒理学的分支，研究环境污染物对动植物和人体的危害及避免危害的安全量。农业环境监测中的环境毒理学则着重研究污染物对种植业有关的植物（农作物）和与养殖业有关的动物（畜、禽、水产）的危害及避免危害的安全量。

3. 生物浓缩

生物浓缩也称生物富集，是指生物体从生活环境中不断吸收低剂量的有害物质，并逐渐在体内浓缩或积累的能力。大气、土壤、水体及其他环境中都存在着微生物，环境中的污染物通过生物代谢进入微生物体内，使其体内污染物的含量比环境高很多，这就是微生物浓缩。另外，环境中的污染物还可以通过生物的食物链进行传递和富集。比如，美国旧金山的休养胜地明湖，曾因使用滴滴滴涕使鱼类、鸟类大批死亡。其原因是滴滴涕通过湖水中"浮游生物—小鱼—大鱼—鸟类"食物链以惊人的速度在生物体内富集。如果将湖水中的滴滴涕浓度当作 1 倍，浮游生物体内的浓度就是 265 倍，吃浮游生物的小鱼体内的脂肪中是 500 倍，吃小鱼的大鱼脂肪中达到 8.5 万倍，吃鱼的鸟类体内脂肪中可达到 80 万 ~ 100 万倍。如果人吃了这种鱼和鸟，滴滴涕将在人体中富集，使人受到毒害。

（二）污染物的吸收、分布、转移和代谢

污染物在生物体中各部位之间的分布是不均匀的，而且与生物的种类有关。了解生物体中各种有害物质含量的分布情况，对于生物保护和生物污染监测方法的选择都是有益的。

1. 植物

污染物进入植物的途径主要是根部和叶部。根对污染物的吸收有两种方式，即主动吸收和被动吸收。主动吸收是根逆浓度梯度的吸收行为，这种吸收作用必须由根部的呼吸作用提供必要的能量。有试验证明，在呼吸抑制剂作用下，根的呼吸作用和主动吸收同步下降。专性蓄积污染物的植物是植物存在主动吸收污染物的明证。例如，专性富硒植物黄芪必须生长在含硒的土壤中，生长发育要求硒的参与，成为硒的指示植物，植株内含硒量高达 15000mg/kg。植物主动吸收的机制是细胞膜上存在着被称为载体的大蛋白质分子，像泵一样地运动，把细胞外的污染物离子运输转移到细胞内。更多的污染物是通过被动吸收方式进入植物根部的，或者依靠浓度差异产生的扩散作用，或者依靠阴阳离子的吸附交换作用。Smith 等证明植物根对铜的吸收不受低温、二硝基苯酚和氮气的影响，是一种非代谢过程。许多重金属离子进入植物根部，与根细胞内的蛋白质相结合或络合，因而根外的重金属离子的浓度依然高于根细胞内游离的重金属离子的浓度。在相对稳定的浓度差的驱使下，重金属离子得以源源不断地扩散到根细胞内。

在大气污染、根外施肥和喷施农药的情况下，植物叶片是污染物进入的主要渠道。植物叶片气孔、角质层、茸毛以及茎部的皮孔都能不同程度地吸收污染物。氟、二氧化硫等污染物以气态或悬浮颗粒态通过气孔进入植物体。

植物从土壤和水体中吸收的污染物，积蓄在各部位的含量是不同的。一般的分布规律是按下列顺序递减的：根＞茎＞叶＞穗＞壳＞种子。利用放射性同位

素 ^{115}Cd 对水稻试验的研究结果表明：水稻根系部分含镉量占整个植株含镉量的84.8%，地上部分（包括叶、茎、穗、种子）的总和只占 15.2%。

污染物在植物体中能运输转移。用放射性同位素 ^{35}SO$_2$ 的试验表明，大气中的二氧化硫从叶部进入植物体，可被运输至根部并排出体外。运输的推动力之一是蒸腾作用。随着蒸腾作用氟化物在叶尖和叶缘浓度高于叶心的浓度，因而氟中毒时叶尖端表现出伤斑。污染物的运输能力取决于污染物的种类和性质，也取决于植物的特点。重金属进入植物体后往往被滞留在吸收部位，而非重金属则较容易地被转移。有人用元素电负性来解释重金属的转移问题，认为电负性大的重金属元素易与根内蛋白质结合形成稳定的络合物而被固定，电负性小的重金属元素较容易运转到其他部位。

在植物体中污染物的化学形态发生变化，一部分从无机态转化为有机态，或者从有机态转化为无机态，并发生化学价态的变化，因而其生理和毒理效应也发生相应的变化。

2. 动物

污染物通过消化道、皮肤、呼吸道进入动物的机体内。对家畜而言，经口摄取造成中毒的可能性较大，但不排除药浴时通过皮肤，大气污染时通过呼吸道污染的可能性。消化道吸收的主要部位是肠道黏膜，以扩散方式通过细胞膜被吸收。浓度愈高，吸收愈多。不解离的脂溶性污染物较易吸收，水溶性易解离和难溶于水的污染物不易吸收。气体、挥发性液体和液态气溶胶的污染物均能进入呼吸道被肺迅速吸收。

污染物质被动物吸收后，主要通过血液和淋巴系统分布到全身，最后到达各种组织的作用点而发生危害。游离状态的污染物可进入血液，与血浆蛋白，特别是白蛋白相结合而在体内运输。因为毒物通过细胞膜的能力不同和与各组织的亲和力不同，因此污染物在体内各部位分布不均匀，在特定部位蓄积。按污染物性质及进入动物组织的类型不同，分布规律大致有以下五种：

（1）能溶解于体液的物质在体内均匀分布，如钠、钾，以及阴离子氟、氯、溴等。

（2）主要蓄积于肝或其他网状内皮系统的物质，如镧、锑、钛等三价和四价阳离子，水解后成胶体。

（3）与骨具有亲和性的物质，如二价阳离子铅、钙、钡、锶、镭等，在骨骼中含量较高。

（4）对某一种器官具有特殊亲和性的物质，如碘对甲状腺，汞、铀对肾脏有特殊亲和性。

（5）脂溶性物质，如有机氯化合物，易蓄积于动物体内的脂肪中。

肝脏细胞膜通透性高，内皮细胞不完整，因而血液中的污染物，包括分子态、离子态、蛋白质结合态的污染物，都能进入肝脏。并且肝脏细胞内有特殊的结合蛋白质，能迅速结合外来污染物，能把血浆中已结合的污染物争夺过来。肾组织中也有特殊的结合蛋白质，它们与污染物的亲和力很强。脂溶性污染物则很容易在体脂中蓄积，比如有机氯、有机磷农药都极易沉积于体脂中。脂溶性污染物能通过血脑屏障，进入脑和神经组织，可引起神经症状。水溶性和极性的污染物则不能通过屏障，因而不能进入脑部。同样，脂溶性大的污染物能通过胎盘屏障，从母体进入胎儿，如有机汞，而水溶性的则不能。

污染物在动物体内在酶等的作用下进行代谢，叫作毒物的生物转化。生物转化的主要场所是动物肝细胞的内质网，主要的反应类型是氧化、还原、水解及合成和结合。经过生物转化使污染物毒性减弱或消失的叫作解毒或者生物失活，经生物转化生成新的毒性更强的化合物的称为致死性生物合成或生物活化。

多数污染物经生物转化后脂溶性减弱，水溶性和极性增强，增加了排泄的可能性。排泄主要经尿和胆汁两条途径。肾小球的毛细血管有较大的膜孔，因而除了大分子蛋白质结合态的污染物外，几乎所有的污染物都能通过肾小球滤过进入肾小管。在肾小管中解离的极性的水溶性污染物不再被重吸收，随尿液排出。未解离的非极性的污染物当其浓度大于血浆浓度时可能被重吸收。肝脏中的污染物经生物转化后生成代谢产物，排入胆汁而进入小肠，部分随粪便排出。部分污染物在肠内被微生物或酶又转化为脂溶性，再次被小肠吸收，形成肠肝循环，这种排泄速度很慢的污染物，如滴滴涕、六六六和有机汞，可用泻剂加速排泄，阻止污染物的再吸收。

二、生物样品的采集、制备和预处理

植物和动物样品都是有生命的材料，不同于土壤、大气、水体等样品，因此在样品采集、运输、制备方面都有一些特殊的要求和规定。动植物样品的个体差异较大，尤要注意其代表性。在植物样品污染成分监测中，很多污染成分常以

mg/kg 或 μg/kg 级浓度存在。为使分析结果正确地反映出样品中某种污染物的含量，除使全部分析工作精密而准确地进行外，正确地采集、处理样品也是分析工作中极为重要的环节之一。

（一）植物样品的采集

根据明确的研究目的，采集样品前应通过必要的调查访问，对分析对象的有关污染情况及各种环境因素的影响进行深入的了解，然后选择出采样区。在采样区内再划分和固定一些被污染后有代表性和生长典型的小区。预选株数或样段的数目，应该根据采样的次数及每次采样的数量来决定。

根据明确的研究目的，采集样品前应通过必要的调查访问，对分析对象的有关污染情况及各种环境因素的影响进行深入的了解，然后选择出采样区。在采样区内再划分和固定一些被污染后有代表性和生长典型的小区。预选株数或样段的数目，应该根据采样的次数及每次采样的数量来决定。

1. 样品采集的一般原则

（1）代表性。选择一定数量的能符合大多数情况的植株为样品。采集时，不要采集田埂、地边及距离田埂、地边 2m 以内的样品。

（2）典型性。采样的部位要能反映监测的要求，不能将植株上下部位随意混合。

（3）适时性。根据研究需要和污染物质对植物影响的情况，在植物的不同生长发育阶段，定期采样。

2. 样品的采集

（1）采样前的准备工作。采样前应预先准备好小铲、剪刀等采样工具及布口袋或塑料袋、标签（木或竹制成的小牌）、记录本、样品采集登记表格等物品。

（2）样品采集量。主要是考虑样品分部位处理后，最少部分的数量是否够分析之用。为保证足够的数量，一般要求至少有 1kg 干重样品；如果是新鲜的样品，以含 80% ~ 90% 的水分来计算，则样品要比干重多 5 ~ 10 倍。总之，以不少于 5kg 新鲜样品为原则。

（3）样品采集。根据研究对象在选好的样区内分别采集不同植株的根、茎、叶、果等植物的不同部位。对于农作物的采集，一般在各采样小区内的采样点上，采集 5 ~ 10 处的植株混合组成一个代表性样品。

若采集的样品为根部，在抖掉附着在根上的泥土时，须注意不损失其根毛部位，以尽量保持根系的完整。如果是水稻根系，在采样时还须用清水立即将泥土洗净。根系带回实验室后立即用清水洗4次，时间以不超过30min为宜（不能浸泡），洗干净后用纱布拭干。如果采集果树样品，要注意树龄、株型、生长势、载果数量和果实着生的部位及方位。蔬菜样品中的叶菜，若用鲜样进行分析，在采集时，尤其是在夏天采集时，由于天气炎热干燥，蒸发量大，植株最好连根带泥一同挖起，或用湿布将样品包住，或用塑料袋装好，不使其萎蔫。

水生植物（如浮萍、眼子菜、藻类等）一般采集全株。从污水塘或污染较严重的河、塘中捞取的样品，须用清水冲洗干净，并去掉其他水草、小螺等杂物。

（4）样品保存。将采集好的样品装入布口袋或聚乙烯塑料袋，并附上用铅笔编写好样品号的标签，注明编号、采样地点、植物种类、分析项目等，并填写样品采集登记表。对一些特殊情况也应进行记录，以便查对和分析数据时参考。

样品带回实验室后，应该立即放在干燥通风之处晾干或烘干；用鲜样进行监测的样品，应立即送往实验室进行处理和分析。当天不能处理、分析完的样品，应暂时冷藏在冰箱内。

（二）植物样品的制备

从现场采回来的样品一般称为原始样品。根据分析项目的要求，应将各个种类的原始样品用不同的方法进行选取。例如，块根、块茎、瓜果等可切成4块或8块，根据需要量各取每块的1/4或1/8混合成平均样。粮食、种子等充分混匀后，平铺于玻璃板或木板上，用多点取样或四分法多次选取，得到缩分后的平均样。然后把各平均样做一系列的加工处理，制成可供分析用的样品，称之为分析样品。

1. 新鲜样品的制备

测定植物中易起变化的物质（如酚、氰、农药、硝酸盐等）及多汁的瓜果、蔬菜样品，应在新鲜状态下进行。

将洗净、擦干后的样品切碎、混匀，称取100g放入电动捣碎机的捣碎杯中，加同样重量的蒸馏水或去离子水，捣碎1～2min，制成匀浆。含水量高的样品捣碎时可以不加水；含水量低的样品，可增加水量1～2倍。对根、茎秆、叶等含纤维素多或较硬的样品，可用不锈钢刀或剪刀切成小碎块，混匀后在乳钵中加石英砂研磨。

2. 风干样品的制备

对于植物中稳定的污染物，如某些重金属元素和非金属元素，一般用干燥样品。

将洗净的样品在干燥通风处晾干（茎秆样品可以劈开）。如果遇到阴雨天或阴湿的气候，可放在 40 ~ 60℃鼓风干燥箱中烘干。样品干燥后，去掉灰尘、杂物，剪碎，用电动磨碎机粉碎。谷类作物的种子样品，如稻谷等，应先脱壳再粉碎。根据分析项目的要求，将粉碎好的样品通过 40 ~ 100 目金属或尼龙筛，处理后的样品保存在玻璃广口瓶或聚乙烯广口瓶中备用。

对于测定某些金属元素的样品，应注意金属器械的污染问题。例如，测定样品中的铬时，最好不用钢制粉碎机，过筛最好用尼龙筛，否则会有镍、锰等元素的污染、干扰。

3. 样品水分含量的测定

在分析工作中结果的计算，常以干重为基础比较各样品间某成分含量的高低。因此，在制备新鲜或风干样品时，须同时称样测定水分含量，计算干样品的含量，以便换算分析结果。含水量常用重量法测定，即称取一定量新鲜样品或风干样品，于 100 ~ 105℃烘干至恒重，由其失重计算含水量。对于含水量高的蔬菜、水果等，以鲜重表示计算结果比较好。

（三）动物样品的采集和制备

动物的尿液、血液、唾液、胃液、乳汁、粪便、毛发、指甲、骨骼、组织和脏器等均可作为检验环境污染物的样品。

1. 尿液

绝大多数毒物及其代谢产物主要由肾脏经膀胱、尿道随尿液排出。尿液收集方便。因此，尿检在医学临床检验中应用较广泛。尿液中的排泄物一般早晨浓度较高，可一次收集，也可以收集 8h 或 24h 的尿样，测定结果为收集时间内尿液中污染物的平均含量。采集尿液的器具要先用稀硝酸浸泡洗净，再依次用自来水、蒸馏水清洗，烘干备用。

2. 血液

检验血液中的金属毒物及非金属毒物，如微量铅、汞、氟化物、酚等，对判断动物受危害情况具有重要意义。一般用注射器抽取 10 mL 血样置于洗净的玻璃试管中，盖好、冷藏备用。有时需加入抗凝剂，如二溴酸盐等。

3. 毛发和指甲

蓄积在毛发和指甲中的污染物质残留时间较长，即使已脱离与污染物接触或停止摄入污染食物，血液和尿液中污染物含量已下降，而在毛发和指甲中仍容易检出。头发中的汞、砷等含量较高，样品容易采集和保存，故而在医学和环境分析中应用较广泛。人发样品一般采集 2 ~ 5g，男性采集枕部发，女性原则上采集短发。采样后，用中性洗涤剂洗涤，去离子水冲洗，最后用乙醚或丙酮洗净，室温下充分晾干后保存备用。

4. 组织和脏器

采用动物的组织和脏器作为检验样品，对调查研究环境污染物在机体内的分布、蓄积、毒性和环境毒理学等方面的研究都有一定的意义。但是，组织和脏器的部位复杂，且柔软、易破裂混合，因此取样操作要细心。以肝为检验样品时，应剥去被膜，取右叶的前上方表面下几厘米纤维组织丰富的部位做样品。检验肾时，剥去被膜，分别取皮质和髓质部分做样品，避免在皮质与髓质结合处采样。其他如心、肺等部位组织，根据需要，都可作为检验样品。检验较大的个体动物受污染情况时，可在躯干的各部位切取肌肉片制成混合样。采集组织和脏器样品后，应放在组织捣碎机中捣碎、混匀，制成浆状鲜样备用。

5. 畜禽产品

畜禽样品采集前应进行现场调查，了解养殖业的生产规模、品种、数量、商品率等状况，了解饲养场的污染状况（水体、饲料、牧草等），了解养殖动物的生长发育情况以及产品产量和品质情况。

（1）鸡、鸭等小型畜禽样的采集。从饲养场或个体专业户选取 3 ~ 6 只畜禽，宰杀后用不锈钢刀在其背部或腿部随机取约 1kg 混合样，立即在 0℃ 以下冷冻保存，切忌用福尔马林浸渍，以免重金属污染。根据需要，同步采集各脏器组织的样品。

（2）大型畜禽（牛、羊等）样的采集。只能在食品加工厂或食品站选取 2 ~ 3 头宰杀的畜禽，用小刀在其背部、腿部随机取约 1kg 混合样，处理同上。

（3）蛋类样品的采集。从选定的养鸡场随机选取 1kg 新鲜蛋，应保持外壳完整无损伤，切忌选用保存较长时间的或破损的蛋。

（4）奶类样品的采集。从奶牛、奶羊养殖场选取 4 ~ 5 头奶牛、奶羊采全脂奶，充分混匀至无奶油形成后采集 1 ~ 2kg 即可。如果有奶油形成，应把奶油从容器壁完全刮下，搅拌至均匀乳化后采集。

6. 水产品

水产品（如鱼、虾、贝类等）是人们常吃的食物，也是水污染物进入人体的途径之一。样品从监测区域内水产品产地或最初集中地采集。一般采集产量高、分布范围广的水产品，所采品种尽可能齐全，以较客观地反映水产食品被污染的水平。

（四）生物样品的预处理

采集、制备好的生物样品中含有大量有机物，且所含有害物质一般都在痕量和超痕量级范围。因此，测定前必须对样品进行分解，对欲测组分进行富集和分离，或对干扰组分进行掩蔽等预处理。

1. 消解

消解法又称湿法氧化或消化法。它是将生物样品与一种或两种以上的强酸共煮，将有机物分解成二氧化碳和水除去。为加快氧化速度，常常要加入双氧水、高锰酸钾或五氧化二钒等氧化剂、消化剂。

2. 灰化

灰化法又称燃烧法或高温分解法。根据样品种类和待测组分的不同要求，选用铂、石英、银、镍、铁、聚四氟乙烯或瓷等材质，在高温炉中控温 450 ~ 550℃，加热至样品完全灰化，残渣经硝酸或盐酸再溶解后，测定各种元素成分。

为了促进分解，抑制某些元素的挥发损失，灰化法常加适量助灰化剂。例如：加入硝酸和硝酸盐，可加速样品的氧化、疏松灰分；加入硫酸和硫酸盐，可减少氯化物的挥发损失；加入碱金属或碱土金属的氧化物、氢氧化物或碳酸盐、醋酸盐，可防止氟、氯、砷等的挥发损失。

3. 提取

测定生物样品中的农药、甲基汞、酚等有机污染物时，需用溶剂将待测组分从样品中提取出来。提取效果的好坏直接影响测定结果的准确度，常用的提取方法如下所述。

（1）振荡浸取法。蔬菜、水果、粮食等食品样品都可使用这种方法提取。将切碎的生物样品置于容器中，加入适当溶剂，放在振荡器上振荡浸取10～30min。滤出溶剂后，再用溶剂洗涤样品滤渣或再浸取一次，合并浸取液，供分离或浓缩用。

（2）组织捣碎提取。取定量切碎的生物样品，放入组织捣碎杯中，加入适当的提取剂，快速捣碎，过滤，滤渣再重复提取一次，合并滤液备用。该方法提取效果较好，应用较多，特别是从动植物组织中提取有机污染物质比较方便。

（3）直接球磨提取。用己烷做提取剂，直接在球磨机中粉碎和提取小麦、大麦、燕麦等粮食样品中的有机氯及有机磷农药，是一种快速的提取方法。

4. 分离

在提取样品中被测组分的同时，把其他干扰组分提取出来。例如，用石油醚提取有机磷农药时，会将脂肪、色素等一同提取出来。因此，在测定之前，还必须进行杂质的分离，也就是净化。常用的分离方法有萃取法、层析法、低温冷冻法、磺化法和皂化法等。

（1）萃取法。萃取法是利用物质在互不相溶的两种溶剂中的分配系数不同，达到分离净化的目的。

（2）层析法。层析法分为柱层析法、薄层层析法、纸上层析法，其中柱层析法在处理生物样品中用得较多。

（3）低温冷冻法。低温冷冻法是利用不同物质在同一溶剂中的溶解度随温度不同而不同的原理进行分离的。

（4）磺化法和皂化法。磺化法是利用脂肪、蜡质等与浓硫酸发生磺化反应的特性，在农药和杂质的提取液中加入浓硫酸，脂肪、蜡质等干扰物质与浓硫酸反应，生成极性很强的磺酸基化合物，随硫酸层分离，从而达到与农药分离的目的。皂化法是利用油脂等能与强碱发生皂化反应，生成脂肪酸盐而将其分离的方法。

5. 浓缩

生物样品的提取液经过分离净化后，其中的被测组分的浓度往往太低，达不到分析需要，这就要对样品进行浓缩，才能进行测定。常用的浓缩方法有蒸馏或减压蒸馏法、蒸发法、K–D浓缩器浓缩法。动植物样品中的有机污染物，如有机磷和有机氯农药、多氯联苯、多环芳烃、烃类、酚、苯、胺等，必须先从样品中分离提取出来，再经浓缩和净化，方能用气相色谱法（GC）、液相色谱法（HPLC）进行定量测定。

三、污染物的测定

（一）生物污染监测方法

生物体中污染物的含量一般很低，常需要选用高灵敏度的现代分析仪器进行分析。常用分析方法有光谱分析、色谱分析、电化学分析、放射分析、多机联用分析。

1.光谱分析法

用于测定生物样品中污染物质的光谱分析法有可见—紫外分光光度法、红外分光光度法、荧光分光光度法、原子吸收分光光度法、发射光谱分析法、X射线荧光光谱分析法等。

（1）可见—紫外分光光度法已用于烃键等不饱和烃，以及某些重金属（如铬、镉、铅等）和非金属（如氟、氰等）化合物等。

（2）红外分光光度法是鉴别有机污染物结构的有力工具，并可对其进行定量测定。

（3）原子吸收分光光度法适用于镉、汞、铅、铜、锌、镍、铬等有害金属元素的定量测定，具有快速、灵敏的优点。

（4）发射光谱分析法适用于对多种金属元素进行定性和定量分析，特别是等离子体发射光谱法，可对样品中多种微量元素同时进行分析测定。

（5）X射线荧光光谱分析也是环境分析中近代分析技术之一，适用于生物样品中多元素的分析，特别是对硫、磷等轻元素很容易测定，而其他光谱法则比较困难。

2.色谱分析法

色谱分析法是对有机污染物进行分离检测的重要手段，包括薄层层析法、气相色谱法、高压液相色谱法等。

（1）薄层层析法是应用层析板对有机污染物进行分离、显色和检测的简便方法，可对多种农药进行定性和半定量分析。如果与薄层扫描仪联用或洗脱后进一步分析，则可进行定量测定。

（2）烃类、酚类、苯和硝基苯、胺类、多氯联苯及有机氯、有机磷农药等有机污染物的测定。如果气相色谱仪中的填充柱换成分离能力更强的毛细管柱，就可以进行毛细管色谱分析。该方法特别适用于环境样品中多种有机污染物的测定，比如食品、蔬菜中多种有机磷农药的测定。

（3）高压液相色谱法是环境样品中复杂有机物分析不可缺少的手段，特别适用于相对分子质量大于300、热稳定性差和离子型化合物的分析。它应用于粮食、蔬菜等中的多环芳烃、酚类、异腈酸酯类和取代酯类、苯氧乙酸类等农药的测定可收到良好效果，具有灵敏度和分离效能高、选择性好等优点。

3.电化学分析法

示波极谱法、阳极溶出伏安法等近代极谱技术可用于测定生物样品中的农药残留量和某些重金属元素。离子选择电极法可用于测定某些金属和非金属污染物。

4.放射分析法

放射分析法在环境污染研究和污染物分析中具有独特的作用。例如，欲了解污染物在生物体内的代谢途径和降解过程，不能应用上述分析方法，只能用放射性同位素进行示踪模拟试验。用中子活化法测定含汞、锌、铜、砷、铅等农药残留量及某些有害金属污染物，具有灵敏、特效、不破坏试样等优点。

5.联合检测技术

目前应用较多的联用技术有气相色谱—质谱、气相色谱—傅立叶变换红外光谱、液相色谱—质谱等。这种分析技术能使组分复杂的样品同时得到分离和鉴定，并可进行定量测定。其方法灵敏、快速、可靠，是对环境样品中有机污染物进行系统分析的理想手段。

（二）硝酸盐和亚硝酸盐的测定

硝酸盐的测定方法很多，仪器分析方法主要包括分光光度法（SP）、原子吸收分光光度法（ABSP）、离子色谱法（IC）、流动注射分析法（FIA）、硝酸盐离子选择电极法（ISE）、紫外分光光度法（UVS）、高压液相色谱法（HPLC）、气相色谱法（GC）、连续流动分析法（CFA）等。植株中硝酸盐含量的测定方法可归纳为三大类：直接测定法；硝酸盐还原法；非直接法。此法中硝酸盐还原和定量测定是比色法的关键步骤，在提高分析的灵敏度和精密度上起到重要作用。

1. 原理

亚硝酸盐采用盐酸萘乙二胺法测定，硝酸盐采用镉柱还原法测定。试样经沉淀蛋白质、除去脂肪后，在弱酸性条件下亚硝酸盐与对氨基苯磺酸重氮化后，再与盐酸萘乙二胺偶合形成紫红色染料，外标法测得亚硝酸盐含量。采用镉柱将硝酸盐还原成亚硝酸盐，测得亚硝酸盐总量，由此总量减去亚硝酸盐含量，即得试样中硝酸盐含量。

2. 仪器设备

（1）分光光度计。

（2）天平。

（3）组织捣碎机。

（4）电热恒温水浴锅。

（5）镉柱。投入足够的锌皮或锌棒于500mL硫酸镉溶液（200g/L）中，经过3～4h。当其中的镉全部被锌置换后，用玻璃棒轻轻刮下，取出残余锌皮或锌棒，使镉沉底。倾去上层清液，以水用倾泻法多次洗涤，然后移入组织捣碎机中，加500mL水，捣碎约2s。用水将金属细粒洗至标准筛上，取20～40目之间的部分装柱。

3. 试剂

（1）锌皮或锌棒。

（2）硫酸镉。

（3）亚铁氰化钾溶液（106g/L）。称取106.0g亚铁氰化钾，用水溶解，并稀释至1000mL。

（4）乙酸锌溶液（220g/L）。称取220.0g乙酸锌，先加30mL冰醋酸溶解，用水稀释至1000mL。

（5）饱和硼砂溶液（50g/L）。称取5.0g硼酸钠，溶于100mL热水中，冷却后备用。

（6）氨缓冲溶液（pH9.6～9.7）。量取30mL盐酸，加100mL水。混匀后加65mL25%的氨水，再加水稀释至1000mL。混匀，调节pH至9.6～9.7。

（7）氨缓冲溶液的稀释液。量取50mL氨缓冲溶液，加水稀释至500mL，混匀。

（8）盐酸（0.1mol/L）。量取5mL盐酸，用水稀释至600mL。

（9）对氨基苯磺酸溶液（4g/L）。称取 0.4g 对氨基苯磺酸，溶于 100mL20% 的盐酸中，置棕色瓶中混匀，避光保存。

（10）盐酸萘乙二胺溶液（2g/L）。称取 0.2g 盐酸萘乙二胺，溶于 100mL 水中，混匀后置棕色瓶中，避光保存。

（11）亚硝酸钠标准溶液。准确称取 0.1000g 于 110 ~ 120℃干燥恒重的亚硝酸钠，加水溶解后移入 500mL 容量瓶中，加水稀释至刻度，混匀。

（12）亚硝酸钠标准使用液。临用前吸取亚硝酸钠标准溶液 5.00mL，置于 200mL 容量瓶中，加水稀释至刻度。

（13）硝酸钠标准溶液。准确称取 0.1232g 于 110 ~ 120℃干燥恒重的硝酸钠，加水溶解后移入 500mL 容量瓶中，加水稀释至刻度。

（14）硝酸钠标准使用液。临用时吸取硝酸钠标准溶液 2.50mL，置于 100mL 容量瓶中，加水稀释至刻度。

4. 操作步骤

（1）试样预处理。将新鲜蔬菜、水果用去离子水洗净，晾干后，取可食部切、碎混匀。将切碎的样品用四分法取适量，用食物粉碎机制成匀浆备用。如需加水，应记录加水量。

（2）提取、称取 5g（精确至 0.01g，可适当调整试样的取样量）制成匀浆的试样（如制备过程中加水，应按加水量折算），置于 50mL 烧杯中，加 12.5mL 饱和硼砂溶液，搅拌均匀，以 70℃左右的水约 300mL 将试样洗入 500mL 容量瓶中，于沸水浴中加热 15min，取出置冷水浴中冷却，并放置至室温。

（3）提取液净化。在振荡上述提取液时加入 5mL 亚铁氰化钾溶液，摇匀，再加入 5mL 乙酸锌溶液以沉淀蛋白质。加水至刻度，摇匀，放置 30min。除去上层脂肪，上清液用滤纸过滤，弃去初滤液 30mL，滤液备用。

（4）亚硝酸盐的测定。吸取 40.0mL 上述滤液于 50mL 带塞比色管中，另吸取 0.10mL、0.20mL、0.40mL、0.60mL、0.80mL、1.00mL、1.50mL、2.00mL、2.50mL 亚硝酸钠标准使用液，分别置于 50mL 带塞比色管中。于标准管与试样管中分别加入 2mL 对氨基苯磺酸溶液，混匀。静置 3 ~ 5 min 后各加入 1mL 盐酸萘乙二胺溶液，加水至刻度，混匀。静置 15min，用 2cm 比色杯，以零管调节零点，于波长 538nm 处测吸光度，绘制标准曲线，同时做试剂空白。

（5）硝酸盐的还原。先用 25mL 稀氨缓冲液冲洗镉柱，流速控制在 3 ~

5mL/min（以滴定管代替镉柱的可控制在 2 ~ 3mL/min）。吸取 20mL 滤液置于 50mL 烧杯中，加 5mL 氨缓冲溶液，混合后注入贮液漏斗，使流经镉柱还原，用原烧杯收集流出液。当贮液漏斗中的样液流尽后，再加 5mL 水置换柱内留存的样液。将全部收集液如前再经镉柱还原一次，第二次流出液收集于 100mL 容量瓶中，继续用水流经镉柱洗涤 3 次，每次 20mL，洗液一并收集于同一容量瓶中，加水至刻度，混匀。

（6）亚硝酸钠总量的测定。吸取 10 ~ 20mL 还原后的样液置于 50mL 比色管中，按照亚硝酸盐的测定方法进行测定。

（三）甲基汞的测定

汞的形态测定主要是利用人工提取和分离的方式，采用光谱法、气相色谱法、高效液相色谱法、毛细管电泳法测定。利用色谱的分离能力与原子光谱的高选择性、高灵敏度联用来测定不同形态的元素是近年来分析化学发展的一大热点。例如，气相色谱—原子荧光法、气相色谱—冷原子荧光法、气相色谱—电感耦合等离子体—质谱联用技术、高效液相色谱—电感耦合等离子体—质谱联用技术、高效液相色谱－原子荧光光谱等联用技术可以分析不同形态的金属元素。

1. 原理

样品中的甲基汞，用氯化钠研磨后加入含有 Cu^{2+} 的 1mol/L 盐酸中，完全萃取后经离心或过滤，将上清液调节至一定的酸度，用巯基棉吸附，再用 2mol/L 盐酸洗脱，最后以苯萃取甲基汞，用带电子捕获检测器的气相色谱仪分析。

2. 仪器设备

（1）气相色谱仪（带电子捕获检测器）。

（2）酸度计。

（3）离心机（带 50 ~ 80mL 离心管）。

（4）巯基棉管。在内径 6mm、长 20cm、一端拉细（内径 2mm）的玻璃滴管内装 0.1 ~ 0.15g 巯基棉，均匀填塞，临用现装。

（5）玻璃仪器。均用 5% 硝酸浸泡一昼夜，用水冲洗干净。

3. 试剂

（1）2mol/L 盐酸。取优级纯盐酸，加等体积水，恒沸蒸馏，蒸出盐酸为 6mol/L，稀释配制。

（2）苯。色谱上无杂峰，否则应重蒸馏纯化。

（3）无水硫酸钠。用苯提取，浓缩液在色谱上无杂峰。

（4）氯化钠。

（5）4.25%氯化铜溶液。

（6）1mol/L氢氧化钠溶液。称取40g氢氧化钠加水稀释至1000mL。

（7）1mol/L盐酸。取83.3mL盐酸（优级纯）加水稀释至1000mL。

（8）0.1%甲基橙指示液。

（9）淋洗液（pH3～3.5）。用1mol/L盐酸调节水的pH值为3～3.5。

（10）巯基棉。在250mL具塞锥形瓶中，依次加入3mL乙酸酐、16mL冰乙酸、50mL硫代乙醇酸、0.15mL硫酸、5mL水，混匀。冷却后，加入14g脱脂棉，不断翻压，使棉花完全浸透。将塞盖好，置于恒温培养箱中，在（37±0.5）℃保温4d（注意切勿超过40℃）。取出后用水洗至近中性，除去水分后摊于瓷盘中，在（37±0.5）℃恒温箱中烘干。成品放入棕色瓶中，置于冰箱内保存备用（使用前，应先测定巯基棉对甲基汞的吸附效率，吸附效率为95%以上方可使用）。

（11）甲基汞标准溶液。精确称取0.1164g氯化甲基汞，用苯溶解于100mL容量瓶中，加苯稀释至刻度。此溶液每毫升相当于1mg甲基汞，放置冰箱保存。

（12）甲基汞标准使用液。吸取1.00mL甲基汞标准溶液，置于100mL容量瓶中，用苯稀释至刻度，此溶液每毫升相当于10μg甲基汞。吸取此溶液1.00mL，置于100mL容量瓶中，用2mol/L盐酸稀释至刻度，此溶液每毫升相当于0.1μg甲基汞，临用时现配。

4. 操作步骤

称取1.0～2.0g去皮去刺剁碎混匀的鱼肉（称取5g虾仁，研碎），加入等量氯化钠，在乳钵中研成糊状，加入0.5mL4.25%的氯化铜溶液，轻轻研磨均匀，用30mL、1mol/L的盐酸分次完全转入100mL带塞锥形瓶中，剧烈振摇5min，放置30min以上（也可用振荡器振荡30min）。样液全部转入50mL离心管中，用5mL、1mol/L的盐酸淋洗锥形瓶，洗液与样液合并，离心10min（转速为2000r/min）。将上清液全部转入100mL分液漏斗中，在残渣中再加10mL、1mol/L的盐酸，用玻璃棒搅拌均匀后再离心，合并两份离心溶液。

加入与1mol/L盐酸等量的1mol/L氢氧化钠溶液中和，加1～2滴甲基橙指示液，再调至溶液变黄色，然后滴加 1mol/L 盐酸至溶液从黄色变橙色，此溶液的 pH 值在 3 ~ 3.5 范围内（可用 pH 计校正）。

将塞有巯基棉的玻璃滴管接在分液漏斗下面，控制流速为 4 ~ 5mL/min，然后用 pH3 ~ 3.5 的淋洗液冲洗漏斗和玻璃滴管。取下玻璃滴管，用玻璃棒压紧巯基棉，用洗耳球将水尽量吹尽。然后加入 1mL、2mol/L 的盐酸洗脱一次，再加 1mL、2mol/L 的盐酸洗脱一次，用洗耳球将洗脱液吹尽，收集于 10mL 具塞比色管内。

另取两支 10mL 具塞比色管，各加入 2.0mL、0.1μg/mL 的甲基汞标准使用液。于样品及甲基汞标准使用液的具塞比色管中各加入 1.0mL 苯，提取振摇 2min。分层后吸出苯液，加少许无水硫酸钠，摇匀，静置，吸取一定量进行气相色谱测定。记录峰高，与标准峰高比较定量。

第二节　水环境污染生物监测

一、水环境污染生物监测的目的、样品采集和监测项目

对水环境进行生物监测的主要目的是：了解污染对水生生物的危害状况，判别和测定水体污染的类型和程度，为制定控制污染措施、使水环境生态系统保持平衡提供依据。

我国在水环境生物监测技术规范中，对采样断面布设原则和方法、监测方法都做了规定。

水生生物监测断面和采样点的布设，也应在对监测区域的自然环境和社会环境进行调查研究的基础上，遵循断面要有代表性，尽可能与化学监测断面相一致，并考虑水环境的整体性、监测工作的连续性和经济性等原则。对于河流，应根据其流经区域的长度，至少设上游（对照）、中游（污染）、下游（观察）三个断面；采样点数视水面宽、水深、生物分布特点等确定。对于湖泊、水库，一般

应在入湖（库）区、中心区、出口区、最深水区、清洁区等处设监测断面。

二、生物群落监测方法

未受污染的环境水体中生活着多种多样的水生生物，这是长期自然发展的结果，也是生态系统保持相对平衡的标志。当水体受到污染后，水生生物的群落结构和个体数量就会发生变化，使自然生态平衡系统被破坏，最终结果是敏感生物消亡、抗性生物旺盛生长、群落结构单一，这是生物群落监测法的理论依据。此法是建立在指示生物的基础上的。

（一）水污染指示生物法

水污染指示生物是指能对水体中污染物产生各种定性、定量反应的生物，如浮游生物、着生生物、底栖动物、鱼类和微生物等，它们对水环境的变化特别是化学污染反应敏感或有较高的耐受性。水污染指示生物法就是通过观察水体中的指示生物的种类和数量变化来判断水体污染程度的。德国学者对一些受有机物污染河流的生物分布情况进行了调查，发现：河流的不同污染带存在着表示这一污染带特性的生物。而颤蚓类大量存在或食蚜蝇幼虫出现时，水体一般是受到严重的有机物污染。

浮游生物是指悬浮在水体中的生物，可分为浮游动物和浮游植物两大类，它们多数个体小，游泳能力弱或完全没有游泳能力，过着"随波逐流"的生活。在淡水中，浮游动物主要由原生动物、轮虫、枝角类和桡足类组成。浮游植物主要是藻类。它们以单细胞、群体或丝状体的形式出现。浮游生物是水生食物链的基础，在水生生态系统中占有重要地位，其中多种对环境变化反应很敏感，可作为水质的指标生物。所以，在水污染调查中，常被列为主要研究对象之一。

着生生物（周丛生物）是指附着于长期浸没水中的各种基质（植物、动物、石头、人工）表面上的有机体群落。它包括许多生物类别，如细菌、真菌、藻类、原生动物、轮虫、甲壳动物、线虫、寡毛虫类、软体动物、昆虫幼虫，甚至鱼卵和幼鱼等。近年来，着生生物的研究日益受到重视，其中主要原因是由于其可以指示水体的污染程度，对河流水质评价效果尤佳。

底栖动物是栖息在水体底部淤泥内、石块或砾石表面及其间隙中，以及附着在水生植物之间的肉眼可见的水生无脊椎动物，其体长超过 2mm，亦称底栖大型无脊椎动物。它们广泛分布在江、河、湖、水库、海洋和其他各种小水体中，包括水生昆虫、大型甲壳类、软体动物、环节动物、圆形动物、扁形动物等许多动物门类。底栖动物的移动能力差，故而在正常环境下比较稳定的水体中，种类比较多，每个种的个体数量适当，群落结构稳定。当水体受到污染后，其群落结构便发生变化。严重的有机污染和毒物的存在，会使多数较为敏感的种类和不适应缺氧的种类逐渐消失，而仅保留耐污染种类，成为优势种类。应用底栖动物对污染水体进行监测和评价，已被各国广泛应用。

在水生食物链中，鱼类代表着最高营养水平。凡能改变浮游和大型无脊椎动物生态平衡的水质因素，也能改变鱼类种群。同时，由于鱼类和无脊椎动物的生理特点不同，某些污染物对低等生物可能不引起明显变化，但鱼类却可能受到影响。因此，鱼类的状况能够全面反映水体的总体质量，进行鱼类生物调查对评价水质具有重要意义。

在清洁的河流、湖泊、池塘中，有机质含量少，微生物也很少，但受到有机物污染后，微生物数量大量增加。所以，水体中含微生物的多少可以反映水体被有机物污染的程度。

当水体污染严重时，选择能在溶解氧较低的环境中生活的颤蚓类、细长摇蚊幼虫、纤毛虫、绿色裸藻等作为指示生物。颤蚓类在溶解氧为 15% 的水体中，仍能正常生活，所以成为受有机物污染十分严重的水体的优势种。颤蚓类数量越多，水体污染越严重。

水体中度污染的指示生物有瓶螺、轮虫、环绿藻、脆弱刚毛藻等，它们对低溶解氧也有较好的耐受能力，常在中度有机物污染的水体中大量出现。

清洁水体的指示生物纹石蚕、扁蚴和蜻蜓的稚虫，以及田螺、簇生竹枝藻等，只能在溶解氧很高、未受污染的清洁水体中大量繁殖。

（二）污水生物系统法

污水生物系统是德国学者于 20 世纪初提出的，其原理基于：将受有机物污染的河流按照污染程度和自净过程，自上游向下游划分为 4 个相互连续的河段，即多污带段、α-中污带段、β-中污带段和寡污带段，每个带都有自己的物理、化学和生物学特征。

（三）PFU 微型生物群落监测法（PFU 法）

1. 方法原理

微型生物群落是指水生态系统中在显微镜下才能看到的微小生物，包括细菌、真菌、藻类、原生动物和微型后生动物等。它们彼此间有复杂的相互作用，在一定的生境中构成特定的群落，其群落结构特征与高等生物群落相似。当水环境受到污染后，群落的平衡被破坏，种数减少，多样性指数下降，随之结构、功能参数发生变化。也就是说，用微型生物群落代替大型水生生物系统，用定点模拟代替环境采样，通过微型生物群落的多样性指标——结构和功能参数的观测，判断水体的污染程度。

该方法是以聚氨酯泡沫塑料块（Polyurethane Foam Unit，PFU）作为人工基质沉入水体中，经一定时间后，水体中大部分微型生物种类均可群集到 PFU 内，达到种数平衡，通过观察和测定该群落结构与功能的各种参数来评价水质状况。还可以用毒性试验方法预报废水或有害物质对受纳水体中微型生物群落的毒害强度，为制定安全浓度和最高允许浓度提出群落级水平的基准。

2. 测定要点

监测江、河、湖、塘等水体中微型生物群落时，将用细绳沿腰捆紧并有重物垂吊的 PFU 块悬挂于水中采样，根据水环境条件确定采样时间，一般在静水中采样约需 4 周，在流水中采样约需 2 周；采样结束后，带回实验室，把 PFU 中的水全部挤于烧杯内，用显微镜进行微型生物种类观察和活体计数。看到 85% 的种类；若要求种类多样性指数，需取水样于计数框内进行活体计数观察。

进行毒性试验时，可采用静态式，也可采用动态式。静态毒性试验是在盛有不同毒物（或废水）浓度的试验盘中分别挂放空白 PFU 和种源 PFU，后者在盘中央（每盘 1 块），前者（每盘放 8 块）在后者的周围，并均与其等距；将试验盘置于玻璃培养柜内，在白天开灯、天黑关灯的环境中试验，于第 1、3、7、11、15 天取样镜检。种源 PFU 是在无污染水体中已放数天，群集了许多微型生物种类的 PFU，它群集的微型生物群落已接近平衡期，但未成熟。动态毒性试验是用恒流稀释装置配制不同废水（或毒物）浓度的试验液，分别连续滴流到各挂放空白 PFU 和种源 PFU 的试验槽中，在第 0.5、1、3、7、11、15 天取样镜检。

三、生物测试法

利用生物受到污染物质危害或毒害后所产生的反应或生理机能的变化，来评价水体污染状况、确定毒物安全浓度的方法称为生物测试法。该方法有静水式生物测试和流水式生物测试两种。前者是把受试生物放于不流动的试验溶液中，测定污染物的浓度与生物中毒反应之间的关系，从而确定污染物的毒性；后者是把受试生物放于连续或间歇流动的试验溶液中，测定污染物浓度与生物反应之间的关系。测试时间有短期（不超过96h）的急性试验和长期（如数月或数年）的慢性试验。在一个试验装置内，测试生物可以是一种，也可以是多种。测试工作可在实验室内进行，也可在野外污染水体中进行。

（一）水生生物毒性试验

进行水生生物毒性试验可用鱼类、潘类、藻类等，其中鱼类毒性试验应用较广泛。

鱼类对水环境的变化反应十分灵敏，当水体中的污染物达到一定浓度或强度时，就会引起系列中毒反应，如行为异常、生理功能紊乱、组织细胞病变，直至死亡。鱼类毒性试验的主要目的是：寻找某种毒物或工业废水对鱼类的半数致死浓度与安全浓度，为制定水质标准和废水排放标准提供科学依据；测试水体的污染程度和检查废水处理效果等。有时鱼类毒性试验也用于一些特殊目的，如比较不同化学物质毒性的高低、测试不同种类鱼对毒物的相对敏感性、测试环境因素对废水毒性的影响等。

（二）发光细菌法

发光细菌是一类非致病的革兰氏阴性兼性厌氧微生物，它们在适当条件下能发射出肉眼可见的蓝绿色光。当发光细菌与水样毒性组分接触时，可影响或干扰细菌的新陈代谢，使细菌的发光强度下降或熄灭。在一定毒物浓度范围内，有毒物质浓度与发光强度呈负相关线性关系，因而可使用生物发光光度计测定水样的相对发光强度来监测有毒物质的浓度。

以氯化汞浓度作为参比毒物表征废水或可溶性化学物质的毒性，也可以用半数有效浓度，即发光强度为最大发光强度一半时的废水浓度或可溶化学物质的浓度来表征；选用明亮发光杆菌品种作为发光细菌。因为该菌是一种海洋细菌，故而水样和参比毒物溶液应含有一定浓度的氯化钠。目前，常采用新鲜发光细菌培养法和冷冻干燥发光菌粉制剂法。

（三）其他方法

其他水污染生物测试方法还有水生植物生产力的测定、致突变和致癌物质检测等。生产力的测定是通过水生植物中叶绿素含量、光合作用能力、固氮能力等指标的变化来反映水体的污染状况。例如，浮游植物、附表植物、大型植物等含叶绿素的植物，通过光合作用将 CO_2 转变成多种有机化合物并释放出氧气，是水生食物链上的初级生产者。当水体被污染后，水生植物的这种生产能力则会发生变化。

微核测定法原理是：生物细胞中的染色体在复制过程中常会发生一些断裂。在正常情况下，这些断裂绝大多数能自己愈合；但如果受到外界诱变剂的作用，就会产生一些游离染色体断片，形成包膜，变成大小不等的小球体（微核），其数量与外界诱变剂强度成正比，它可用于评价环境污染水平和对生物危害程度。该方法所用生物材料可以是植物或动物组织和细胞。植物广泛应用紫露草和蚕豆根尖。紫露草以其花粉母细胞在减数分裂过程中的染色体作为诱变剂的攻击目标，把四分体中形成的微核数作为染色体受到损伤的指标，评价受危害程度。蚕豆根尖细胞的染色体大，DNA 含量多，对诱变剂反应敏感。

染色体畸变试验是依据生物细胞在诱变因素的作用下，其染色体数目和结构发生变化，如染色体单体断裂、染色单体互换等检测诱变剂及其强度。

四、细菌学检验法

细菌能在各种不同的自然环境中生长。地表水、地下水，甚至雨水和雪水都含有多种细菌。当水体受到人畜粪便、生活污水或某些工农业废水污染时，细菌总数会大量增加。因此，水的细菌学检验，特别是肠道细菌的检验，在卫生学上具有重要的意义。但是，直接检验水中各种病源菌，方法较复杂，有的难度大，且结果也不能保证绝对安全。所以，在实际工作中，经常以检验细菌总数，特别是检验作为粪便污染的指示细菌，如总大肠菌群、粪大肠菌群、粪链球菌、肠道病毒等，来间接判断水的卫生学质量。

（一）水样采集

采集细菌学检验用水样，必须严格按照无菌操作要求进行；防止在运输过程中被污染，并应迅速进行检验。一般从采样到检验不宜超过 2h；在 10℃以下冷藏保存不得超过 6h。

采集江、河、湖、库等水样，可将采样瓶沉入水面下 10 ~ 15cm 处，瓶口朝水流上游方向，使水样灌入瓶内。需要采集一定深度的水样时，用采水器采集。采集自来水样，首先用酒精灯灼烧水龙头灭菌或用 70% 的酒精消毒，然后放水 3min，再采集约为采样瓶容积的 80% 的水量。

（二）细菌总数的测定

细菌总数是指 1mL 水样在营养琼脂培养基中，于 37℃经 24h 培养后，所生长的细菌菌落的总数。它是判断饮用水、水源水、地表水等污染程度的标志。每毫升生活饮用水中细菌总数不得超过 100 个。

（三）总大肠菌群的测定

粪便中存在大量的大肠菌群细菌，其在水体中存活时间和对氯的抵抗力等与肠道致病菌（如沙门氏菌、志贺氏菌等）相似。因此，将总大肠菌群作为粪便污染的指示细菌是合适的。但在某些水质条件下，大肠菌群细菌在水中能自行繁殖。

总大肠菌群是指那些能在 35℃、48h 之内使乳糖发酵产酸、产气、需氧及兼性厌氧的、革兰氏阴性的无芽孢杆菌，以每升水样中所含有的大肠菌群的数目表示。其测定方法有多管发酵法和滤膜法。多管发酵法适用于各种水样（包括底质），但操作较烦琐，耗时较长。滤膜法操作简便、快速，但不适用于浑浊水样。

（四）其他粪便污染指示细菌的测定

粪大肠菌群是总大肠菌群的一部分，是指存在于温血动物肠道内的大肠菌群细菌，与测定总大肠菌群不同之处在于将培养温度提高到 44.5℃，在该温度下仍能生长并使乳糖发酵产酸、产气的为粪大肠菌群。

沙门氏菌属是常常存在于污水中的病原微生物，也是引起水传播疾病的重要来源。由于其含量很低，测定时需先用滤膜法浓缩水样，然后进行培养和平板分离，最后进行生物化学和血清学鉴定，确定一定体积水样中是否存在沙门氏菌。

链球菌（通称粪链球菌）也是粪便污染的指示细菌。这种菌进入水体后，在水中不再自行繁殖，这是它作为粪便污染指示细菌的优点。此外，由于人粪便中粪大肠菌群数多于粪链球菌，而动物粪便中粪链球菌多于粪大肠菌群，因此在水质检验时，根据这两种菌数的比值不同，可以推测粪便污染的来源。当该比值大于4时，则认为污染主要来自人粪；若该比值小于或等于0.7，则认为污染主要来自温血动物粪便；若比值小于4而大于2，则为混合污染，但以人粪为主；若该比值小于或等于2，而大于或等于1，则难以判定污染来源。粪链球菌数的测定也采用多管发酵法或滤膜法。

五、水环境监测的水样处理

采集具有代表性的水样是水质监测的关键环节。分析结果的准确性首先依赖样品的采集和保存。为了得到具有真实代表性的水样，需要选择合理的采样位置、采样时间和科学的采样技术。

（一）水样的类型

对于天然水体，为了使采集的水样具有代表性，应根据分析目的和现场实际情况来选定采集样品的类型和采样方法；对于工业废水和生活污水，应根据生产工艺、排污规律和监测目的，科学、合理地设计水样采集的种类和采样方法。归纳起来，水样类型主要有以下三种。

1. 瞬时水样

瞬时水样是指在某一时间和地点从水体中随机采集的分散水样。当水体水质稳定，或其组分在相当长的时间或相当大的空间范围内变化不大时，瞬时水样具有很好的代表性；当水体组分及含量随时间和空间变化时，就应隔时、多点采集瞬时水样，分别进行分析，摸清水质的变化规律。

2. 混合水样

混合水样是指在同一采样点的不同时间所采集的瞬时水样混合后的水样，也可称为"时间混合水样"。如果水的流量随时间变化，必须采集流量比例混合样，即在不同时间依照流量大小按比例采集的混合样。

3.综合水样

把不同采样点同时采集的各个瞬时水样混合后所得到的样品称为综合水样。这种水样在某些情况下更具有实际意义。例如，当为几条排污河、渠建立综合处理厂时，以综合水样取得的水质参数作为设计的依据更为合理。

（二）水样的采集

采样前，要根据监测项目、监测内容和采样方法的具体要求，选择适宜的盛水容器和采样器，并清洗干净。采样器具的材质化学性质要稳定，大小形状适宜、不吸附待测组分、容易清洗、瓶口易密封。同时要确定总采样量（分析用量和备份用量），并准备好交通工具。

1.采样设备

采集表层水样，可用桶、瓶等容器直接采集。目前，我国已经生产出不同类型的水质监测采样器，如单层采水器、直立式采水器、深层采水器、连续自动定时采水器等，广泛用于废水和污水采样。

常用的简易采水器，是一个装在金属框内用绳吊起的玻璃瓶或塑料瓶，框底装有重锤，瓶口有塞，用绳系牢，绳上标有高度。采样时，将采样瓶降至预定深度，将细绳上提打开瓶塞，水样即流入并充满采样瓶，然后用塞子塞住。

急流采水器适于采集地段流量大、水层深的水样。它是将一根长钢管固定在铁框上，钢管是空心的，管内装橡皮管，管上部的橡皮管用铁夹夹紧，下部的橡皮管与瓶塞上的短玻璃管相接，橡皮塞上另有一长玻璃管直通至样瓶底部。采集水样前，需将采样瓶的橡皮塞子塞紧，然后沿船身垂直方向伸入特定水深处，打开铁夹，水样即沿长玻璃管流入样瓶中。此种采水器是隔绝空气采样，可供溶解氧测定。

沉积物采样分表层沉积物采样和柱状沉积物采样。表层沉积物采样是用各种掘式和抓式采样器，用手动绞车或电动绞车进行采样。柱状沉积物采样是采用各种管状或筒状的采样器，利用自身重力或通过人工锤击，将管子压入沉积物中直至所需深度，然后将管子提取上来，用通条将管中的柱状沉积物样品压出。

2.盛样容器

采集和盛装水样或底质样品的容器要求材质化学稳定性好，保证水样各组分在贮存期内不与容器发生反应，能够抵御环境温度从高温到严寒的变化，抗震，大小、形状和重量适宜，能严密封口并容易打开，容易清洗并可反复使用。常用材料有高压聚乙烯塑料（以 P 表示）、一般玻璃（G）和硬质玻璃或硼硅玻璃（BG）。不同监测项目水样容器应采用适当的材料。水质监测，尤其是进行痕量组分测定时，常常因容器污染造成误差。为减少器壁溶出物对水样的污染和器壁吸附现象，须注意容器的洗涤方法。应先用水和洗涤剂洗净，用自来水冲洗后备用。常用洗涤法是用重铬酸钾—硫酸洗液浸泡，然后用自来水冲洗和蒸馏水荡洗。

用于盛装重金属监测样品的容器，需用 10% 的硝酸或盐酸浸泡数小时，再用自来水冲洗，最后用蒸馏水洗净。容器的洗涤还与监测对象有关，洗涤容器时要考虑到监测对象。例如：测硫酸盐和铬时，容器不能用重铬酸钾硫酸洗液；测磷酸盐时不能用含磷洗涤剂；测汞时容器洗净后尚需用 1+3 的硝酸浸泡数小时。

3. 采样方法

（1）在河流、湖泊、水库及海洋中采样应有专用监测船或采样船，如果无条件也可用手划或机动的小船。如果位置合适，可在桥或坎上采样。较浅的河流和近岸水浅的采样点可以涉水采样。采样容器口应迎着水流方向，采样后立即加盖塞紧，避免接触空气，并避光保存。深层水的采集，可用抽吸泵采样，利用船等行驶至特定采样点，将采水管沉降至规定的深度，用泵抽取水样即可。采集底层水样时，切勿搅动沉积层。

（2）采集自来水或从机井采样时，应先放水数分钟，使积留在水管中的杂质及陈旧水排除后再取样。采样器和塞子须用采集水样洗涤 3 次。对于自喷泉水，在涌水口处直接采样。

（3）从浅埋排水管、沟道中采集废（污）水，用采样容器直接采集。对埋层较深的排水管、沟道，可用深层采水器或固定在负重架内的采样容器，沉入检测井内采样。

（4）采用自动采水器可自动采集瞬时水样和混合水样。当废（污）水排放量和水质较稳定时，可采集瞬时水样；当排放量较稳定，水质不稳定时，可采集时间等比例水样；当二者都不稳定时，必须采集流量等比例水样。

4. 水样采集量和现场记录

水样采集量根据监测项目确定，不同的监测项目对水样的用量和保存条件有不同的要求，所以采样量必须按照各个监测项目的实际情况分别计算，再适当增加 20% ~ 30%。底质采样量通常为 1 ~ 2kg。

采样完成并加好保存剂后，要贴上样品标签或在水样说明书上做好详细记录，记录内容包括采样现场描述与现场测定项目两部分。采样现场描述的内容包括样品名称、编号、采样断面、采样点、添加保存剂种类和数量、监测项目、采样者、登记者、采样日期和时间、气象参数（气温、气压、风向、风速、相对湿度）、流速、流量等。水样采集后，对有条件进行现场监测的项目进行现场监测和描述，如水温、色度、臭味、pH、电导率、溶解氧、透明度、氧化还原电位等，以防变化。

（三）水样的消解

当对含有机物的水样中的无机元素进行测定时，需要对水样进行消解处理。消解处理的目的是破坏有机物、溶解颗粒物，并将各种价态的待测元素氧化成单一高价态或转变成易于分离的无机化合物。消解主要有湿式消解法干灰化法两种。消解后的水样应清澈、透明、无沉淀。

1. 湿式消解法

（1）硝酸—消解法。对于较清洁的水样，可用此法。具体方法是：取混匀的水样 50 ~ 200mL 置于锥形瓶中，加入 5 ~ 10mL 浓硝酸，在电热板上加热煮沸，缓慢蒸发至小体积，试液应清澈透明，呈浅色或无色；否则，应补加少许硝酸继续消解。蒸至近干时，取下锥形瓶，稍冷却后加 2% 的 HNO_3（或 HCl）20mL，温热溶解可溶盐。若有沉淀，应过滤，滤液冷却至室温后于 50mL 容量瓶中定容，备用。

（2）硝酸—硫酸消解法。这两种酸都是强氧化性酸。其中，硝酸沸点低（83℃），而浓硫酸沸点高（338℃），两者联合使用，可大大提高消解温度和消解效果，应用广泛。常用的硝酸与硫酸的比例为 5 ∶ 2。消解时，先将硝酸加入水样中，加热蒸发至小体积，稍冷，再加入硫酸、硝酸，继续加热蒸发至冒大量白烟，冷却后加适量水温热溶解可溶盐。若有沉淀，应过滤。滤液冷却至室温后定容备用。为提高消解效果，常加入少量过氧化氢。该法不适用于含易生成难溶硫酸盐组分（如铅、钡、锶等元素）的水样。

（3）硝酸—高氯酸消解法。这两种酸都是强氧化性酸，联合使用可消解含难氧化有机物的水样。方法要点是：取适量水样置于锥形瓶中，加 5 ~ 10mL 硝酸，在电热板上加热、消解至大部分有机物被分解。取下锥形瓶，稍冷却，再加 2 ~ 5mL 高氯酸，继续加热至开始冒白烟。如果试液呈深色，再补加硝酸，继续加热至冒浓厚白烟将尽，取下锥形瓶。冷却后加 2% 的 HNO_3 溶解可溶盐。若有沉淀，应过滤。滤液冷却至室温后定容备用。因为高氯酸能与羟基化合物反应生成不稳定的高氯酸酯，有发生爆炸的危险，故而应先加入硝酸氧化水样中的羟基有机物，稍冷后再加高氯酸处理。

（4）硫酸—磷酸消解法。两种酸的沸点都比较高。其中，硫酸氧化性较强，磷酸能与一些金属离子如 Fe^{3+} 等络合，两者结合消解水样，有利于测定时消除 Fe^{3+} 等离子的干扰。

（5）硫酸—高锰酸钾消解法。该方法常用于消解测定汞的水样。高锰酸钾是强氧化剂，在中性、碱性、酸性条件下都可以氧化有机物，其氧化产物多为草酸根，但在酸性介质中还可继续氧化。消解要点是：取适量水样，加适量硫酸和 5% 的高锰酸钾溶液，混匀后加热煮沸，冷却，滴加盐酸羟胺破坏过量的高锰酸钾。

（6）多元消解法。为提高消解效果，在某些情况下需要通过多种酸的配合使用，特别是在要求测定大量元素的复杂介质体系中。例如，处理测定总铬废水时，需要使用硫酸、磷酸和高锰酸钾消解体系。

（7）碱分解法。当酸消解法造成某些元素挥发或损失时，可采用碱分解法，即在水样中加入氢氧化钠和过氧化氢溶液，或者氨水和过氧化氢溶液，加热沸腾至近干，稍冷却后加入水或稀碱溶液温热溶解可溶盐。

（8）微波消解法。此方法主要是利用微波加热的工作原理，对水样进行激烈搅拌、充分混合和加热，能够有效提高分解速度、缩短消解时间、提高消解效率；同时，避免了待测元素的损失和可能造成的污染。

2. 干灰化法

干灰化法又称高温分解法。具体方法是：取适量水样置于白瓷或石英蒸发皿中，于水浴上先蒸干，固体样品可直接放入坩埚中，然后将蒸发皿或坩埚移入马福炉内，于 450 ~ 550℃灼烧至残渣呈灰白色，使有机物完全分解去除。取出蒸发皿，稍冷却后，用适量 2% 的 HNO_3（或 HCl）溶解样品灰分，过滤后滤液经定容后供分析测定。本方法不适用于处理测定易挥发组分（如砷、汞、锑、硒、锡等）的水样。

（四）水样的富集与分离

水质监测中，待测物的含量往往极低，大多处于痕量水平，常低于分析方法的检出下限，并有大量共存物质存在，干扰因素多，所以在测定前须进行水样中待测组分的分离与富集，以排除分析过程中的干扰，提高测定的准确性和重现性。富集和分离过程往往是同时进行的，常用的方法有过滤、挥发、蒸发、蒸馏、溶剂萃取、沉淀、吸附、离子交换、冷冻浓缩、层析等，比较先进的技术有固相萃取、微波萃取、超临界流体萃取等，应根据具体情况选择使用。

1. 挥发、蒸发和蒸馏

挥发、蒸发和蒸馏主要是利用共存组分的挥发性不同（沸点的差异）进行分离。

（1）挥发。此方法是利用某些污染组分挥发度大，或者将欲测组分转变成易挥发物质，然后用惰性气体带出而达到分离的目的。例如，汞是唯一在常温下具有显著蒸气压的金属元素，用冷原子荧光法测定水样中的汞时，先将汞离子用氯化亚锡还原为原子态汞，通入惰性气体将其带出并送入仪器测定。

（2）蒸发。蒸发一般是利用水的挥发性，将水样在水浴、油浴或砂浴上加热，使水分缓慢蒸出，而待测组分得以浓缩。该法简单易行，无须化学处理，但存在缓慢、易吸附损失的缺点。

（3）蒸馏。蒸馏分离是利用各组分的沸点及其蒸气压大小的不同实现分离的方法，分为常压蒸馏、减压蒸馏、水蒸气蒸馏、分馏法等。加热时，较易挥发的组分富集在蒸气相，通过对蒸气相进行冷凝或吸收，使挥发性组分在馏出液或吸收液中得到富集。

2. 液—液萃取法

液—液萃取也叫溶剂萃取，是基于物质在互不相溶的两种溶剂中分配系数不同，从而达到组分的富集与分离。其具体分为以下两类：

（1）有机物的萃取。分散在水相中的有机物易被有机溶剂萃取，利用此原理可以富集分散在水样中的有机污染物。常用的有机溶剂有三氯甲烷、四氯甲烷等。

（2）无机物的萃取。多数无机物质在水相中均以水合离子状态存在，无法用有机溶剂直接萃取。为实现用有机溶剂萃取，通过加入一种试剂，使其与水相中的离子态组分相结合，生成一种不带电、易溶于有机溶剂的物质。根据生成可萃取物类型的不同，可分为整合物萃取体系、离子缔合物萃取体系、三元络合物萃取体系和协同萃取体系等。在环境监测中常用的是整合物萃取体系，利用金属离子与整合剂形成疏水性的整合物后被萃取到有机相，主要应用于金属阳离子的萃取。

3.吸附法

吸附法是利用多孔性的固体吸附剂将水中的一种或多种组分吸附于表面，以达到组分分离的目的。常用的吸附剂主要有活性炭、硅胶、氧化铝、分子筛、大孔树脂等。被吸附富集于吸附剂表面的组分可用有机溶剂或加热等方式解析出来，进行分析测定。

4.离子交换法

离子交换法是利用离子交换剂与溶液中的离子发生交换反应进行分离的方法。离子交换剂分为无机离子交换剂和有机离子交换剂。目前，广泛应用的是有机离子交换剂，即离子交换树脂。通过树脂与试液中的离子发生交换反应，再用适当的淋洗液将已交换在树脂上的待测离子洗脱，以达到分离和富集的目的。该法既可以富集水中痕量无机物，又可以富集痕量有机物，分离效率高。

第三节　空气污染的生物监测与评价

一、利用植物监测空气污染

（一）指示植物及其受害症状

指示植物是指受到污染物的作用后，能较敏感和快速地产生显著反应的植物，可以选择草本植物、木本植物及地衣、苔藓等。空气污染物一般通过叶面上的气孔或孔隙进入植物体内，侵袭细胞组织，并发生一系列生化反应，从而使植物组织遭受破坏，呈现受害症状。这些症状虽然随污染物的种类、浓度以及受害植物的品种、暴露时间不同而有差异，但仍具有某些共同特点，比如叶绿素被破坏、细胞组织脱水，进而发生叶面失去光泽、出现不同颜色（黄色、褐色或灰白色）的斑点、叶片脱落，甚至全株枯死等异常现象。

1.SO_2 指示植物及其受害症状

对 SO_2 敏感的指示植物较多，如一年生早熟禾、芥菜、堇菜、百日草、大麦、荞麦、棉花、南瓜、白杨、白蜡树、白桦树、加拿大短叶松、挪威云杉及苔藓、地衣等。

植物受 SO_2 伤害后，初期典型症状为：失去原有光泽，出现暗绿色水渍状斑点，叶面微微有水渗出并起皱。随着时间的推移，出现绿斑变为灰绿色、逐渐失水干枯、有明显坏死斑等症状；坏死斑有深有浅，但以浅色为主。阔叶植物急性中毒症状是叶脉间有不规则的坏死斑，伤害严重时，点斑发展成为条状、块斑，坏死组织和健康组织之间有一失绿过渡带。单子叶植物在平行叶脉之间出现斑点状或条状坏死区。针叶植物受伤害后，首先从针叶尖端开始，逐渐向下发展，呈现红棕色或褐色。

2.光化学氧化剂的指示植物及受害症状

O_3 的指示植物有矮牵牛花、菜豆、洋葱、烟草、菠菜、马铃薯、葡萄、黄瓜、松树、美国白蜡树等。植物受到 O_3 伤害后，初始症状是叶面上出现分布较均匀、细密的点状斑，呈棕色或褐色；随着时间的延长，逐渐褪色，变成黄褐色或灰白色，并连成一片，变成大片的块斑。针叶植物对 O_3 反应是叶尖变红，然后变为褐色，进而褪为灰色，针叶面上有杂色斑。

过氧乙酰硝酸酯（PAN）的指示植物有长叶莴苣、瑞士甜菜及一年生早熟禾等，它们的叶片对 PAN 敏感，但对 O_3 却表现出相当强的抗性。

PAN 伤害植物的早期症状是：在叶背面上出现水渍状斑或亮斑，继之气孔附近的海绵组织细胞被破坏并为气窝取代，结果呈现银灰色、褐色。受害部分还会出现许多"伤带"。

3.氟化物的指示植物及其受害症状

常见氟化氢污染的指示植物有郁金香、葡萄、玉簪、金线草、金丝桃树、杏树、雪松等。例如：单子叶植物和针叶植物的叶尖、双子叶植物和阔叶植物的叶缘等。开始这些部位发生萎黄，然后颜色转深形成棕色斑块。在发生萎黄组织与正常组织之间有一条明显的分界线。随着受害程度的加重，斑块向叶片中部及靠近叶柄部分发展。最后，叶片大部分枯黄，仅叶主脉下部及叶柄附近仍保持绿色。此外，氟化物进入植物叶片后不容易转移到植物的其他部位，在叶片中积累。因此，通过测定植物叶片中氟的含量便可以说明空气中氟污染的程度。

（二）监测方法

1. 栽培指示植物监测法

如果监测区域生长着被测污染物的指示植物，可通过观察记录其受害症状特征来评价空气污染状况；但这种方法局限性较大，而盆栽或地栽指示植物方法比较灵活，利于保证其敏感性。该方法是先将指示植物在没有污染的环境中盆栽或地栽培植，待生长到适宜大小时，移至监测点，观察它们的受害症状和程度。

2. 物群落监测法

该方法是利用监测区域植物群落受到污染后，用各种植物的反应来评价空气污染状况。进行该工作前，需要通过调查和试验，确定群落中不同种植物对污染物的抗性等级，将其分为敏感、抗性中等和抗性强三类。如果敏感植物叶部出现受害症状，表明空气已受到轻度污染。

二、利用动物监测空气污染

利用动物监测空气污染虽然由于受到客观条件的限制，应用不多，但也有不少学者开展了研究。例如，人们很早就用金丝雀、金翅雀、老鼠、鸡等动物的异常反应（不安、死亡）来探测矿井内的瓦斯毒气。美国多诺拉事件调查表明，金丝雀对 SO_2 最敏感，其次是狗，再次是家禽；日本学者利用鸟类与昆虫的分布来反映空气质量的变化；保加利亚一些矿区用蜜蜂监测空气中金属污染物的浓度；等等。

在一个区域内，利用动物种群数量的变化，特别是对污染物敏感动物种群数量的变化，也可以监测该区域空气污染状况。例如，一些大型哺乳动物、鸟类、昆虫等迁移，而不易直接接触污染物的潜叶性昆虫、虫瘿昆虫，体表有蜡质的蚧类等数量增加，说明该地区空气污染严重。

三、利用微生物监测空气污染

空气不是微生物生长繁殖的天然环境，故而没有固定的微生物种群。它主要通过土壤尘埃、水滴、人和动物体表的干燥脱落物、呼吸道的排泄物等方式带入空气中。空气中微生物区系组成及数量变化与空气污染有密切关系，可用于监测空气质量。例如，空气中微生物区系分布与环境质量关系研究表明：空气中微生物的数量随着人群和车辆流动的增加而增多，繁华的中街微生物数量最多，其次是交通路口、居民小区；郊区东陵公园和农村空气中微生物数量最少。

室内空气中的致病微生物是危害人体健康的主要因素之一，特别是在温度高、灰尘多、通风不良、日光不足的情况下，生存时间较长，致病的可能性也较大。因此，在居室空气卫生标准中规定了微生物最高限量指标。

因为直接测定病原体有一定困难，故而一般推荐细菌总数和链球菌总数作为室内空气细菌学的评价指标。

四、空气污染监测的评价

（一）功能分区布设法

相比于乡村地区的散状工业、民居分布模式而言，城市街道与工业区的功能点分布更加规范化，这就为空气污染监测点的布设提供参考。按照城市地区不同功能区域污染控制的要求，进行空气污染监测点的排布、环境污染要素的数据监测。其中，重工业污染区内设置的空气污染监测站点更多，而居民区则适当做出监测散点的均匀分布。地方政府、环保部门发挥模范带头作用，制定详细的监测项目、污染质量标准，对所在城区内的一氧化氮（NO）、二氧化硫（SO_2）、碳氢化合物、浮尘等污染物进行准确监测，从而完成空气污染物数据信息的收集、分析等监测工作。

（二）合理规划采样站数量

空气污染监测采样站布设的数量，是由当前区域的具体特定所决定的，同时其布设数量、方法以及具体的设定区域也要符合由国家所颁发的相应规范以及标准，避免在空气污染监测采样所获取的监测数据存在较大的差异。例如，在进行空气污染监测点的布设前，根据污染物排放点的高度，通过分析其特点以及不同情况下的相应比例，放大 100 倍以上来对污染物的最大地面浓度进行分析，以对其基本状况有一个清晰且明确的了解，而后根据分析结果来完成对空气污染监测点布设位置以及相应方式的选择。同时，做好污染源的调查与分析工作，能够通过对其产生以及形成规律的分析，使空气污染监测点的布设工作得到有效展开。并且随着高新技术在空气污染监测中的应用，其逐渐实现了自动监测，代替了传统的人工连续采样，在降低监测人员工作压力的同时，使空气污染监测工作的质量以及效率得到了有效保障。

（三）明确区域污染情况

通常情况下，监测点位的布设需要根据设计方案实施，即在点位布设前，需要根据实际考察结果制订布设方案，然后严格按照方案进行点位布设。而在进行布设方案制订时，需要重点考察区域污染情况，只有明确这一要素，才能确保监测点位布设的科学性。在实际的方案制订中，相关人员需要结合城市气候、污染等数据资料，有效分析该区域的大气污染程度情况；为了尽可能确保分析结果准确性，相关人员在制订方案前务必要进行实地考察和勘测，通过相应的设备仪器进行检测分析，确保完成对区域大气污染状态的有效评估。在完成大气污染情况评估后，根据评估结果开展监测点的布设，如此可以有效地提升监测结果的准确性。

（四）规划站点数量布局

国家针对环境监测工作，制定出了明确的规范性管理文件；在进行技术管理的过程中，需要根据各地区的实地情况，完成工作中各点位的设置，并从宏观角度，对其站点的数量与布局条件进行控制。在科技条件不断成长的前提下，可以保证整体环境监测工作的执行状态，并通过详细地质检测与自动监测，实现自动化技术手段对传统人工模式的替换，使环境监测更加科学和高效。

第四节　土壤污染的生物监测与评价

一、土壤的概念

"土壤"一词在世界上任何民族的语言中均可以找到，但不同学科的科学家对什么是土壤却有着各自的观点和认识。如何给出一个科学而全面的有关土壤的定义，需要依赖于对土壤组成、功能与特性有较为全面的理解，主要包括：

（1）土壤是历史自然体。土壤是由母质经过长时间的成土作用而形成的三维自然体；是考古学和古生态学信息库、自然史（博物学）文库、基因库的载体。因此，土壤对理解人类和地球的历史至关重要。

（2）具有生产力。土壤含有植物生长所必需的营养元素、水分等适宜条件，是农业、园艺和林业等生产的基础；是建筑物和道路的基础和工程材料。

（3）具有生命力。土壤生物多样性最丰富、能量交换和物质循环最活跃的地球表层；是植物、动物和人类的生命基础。

（4）具有环境净化力。土壤是具有吸附分散、中和和降解环境污染物功能的环境舱；只要土壤具有足够的净化能力，地下水、食物链和生物多样性就不会受到威胁。

（5）中心环境要素。土壤是地球表面由矿物颗粒、有机质、水、气体和生物组成的疏松而不均匀的聚集层，它是一个开放系统，是自然环境要素的中心环节。作为生态系统的组成部分，土壤可以调控物质和能量循环。

基于上述认识，考虑到土壤抽象的历史定位（历史自然体）、具体的物质描述（疏松而不均匀的聚集层）以及代表性的功能表征（生产力、生命力、环境净化力），可将土壤做如下定义；即"土壤是历史自然体，是位于地球陆地表面和浅水域底部具有生命力、生产力的疏松而不均匀的聚集层，是地球系统的组成部分和调控环境质量的中心要素"。这是一个相对来说比较综合性的定义，较为充分地反映了土壤的本质和特征。

二、土壤的组成

土壤是地球表层的岩石经过生物圈、大气圈和水圈长期的综合影响演变而成的。由于各种成土因素，如母岩、生物、气候、地形、时间和人类生产活动等，综合作用的不同，形成了多种类型的土壤。

土壤是由固、液、气三相物质构成的复杂体系。土壤固相包括矿物质、有机质和生物。在固相物质之间为形状和大小不同的孔隙，孔隙中存在水分和空气。

（一）土壤矿物质

土壤矿物质是岩石经物理风化和化学风化作用形成的，占土壤固相部分总重量的 90% 以上，是土壤的骨骼和植物营养元素的重要供给源，按其成因可分为原生矿物质和次生矿物质两类。

1. 原生矿物质

原生矿物质是岩石经过物理风化作用被破碎形成的碎屑，其原来的化学组成没有改变。这类矿物质主要有硅酸盐类矿物、氧化物类矿物、硫化物类矿物和磷酸盐类矿物。

2. 次生矿物质

次生矿物质是原生矿物质经过化学风化后形成的新矿物，其化学组成和晶体结构均有所改变。这类矿物质包括简单盐类（如碳酸盐、硫酸盐、氯化物等）、三氧化物类和次生铝硅酸盐类。次生铝硅酸盐类是构成土壤黏粒的主要成分，故又称为黏土矿物。土壤中许多重要的物理、化学性质和物理、化学过程都与所含黏土矿物质的种类和数量有关。

3. 土壤矿物质的化学组成

土壤矿物质所含主体元素是氧、硅、铝、铁、钙、钠、钾、镁等，约占 96%，其他元素含量多在 0.1% 以下，甚至低于十亿分之几，称为微量、痕量元素。

4. 土壤的机械组成

土壤是由不同粒级的土壤颗粒组成的。土壤的机械组成又称为土壤的质地，是指土壤中各种不同大小颗粒（砾、砂、粉砂、黏粒）的相对含量。土壤矿物质颗粒的形状和大小多种多样，其粒径从几微米到几厘米，差别很大。不同粒径的矿物质颗粒的成分和物理化学性质有很大差异，如对污染物的吸附解吸和迁移、转化能力，有效含水量及保水保温能力，等等。为了研究方便，常按粒径大小将土粒分为若干类，称为粒级；同级土粒的成分和性质基本一致。

自然界中任何一种土壤，都是由粒径不同的土粒按不同的比例组合而成的。按照土壤中各粒级土粒含量的相对比例或质量分数分类，称为土壤质地分类。

（二）土壤有机质

土壤有机质是土壤中含碳有机化合物的总称，由进入土壤的植物、动物、微生物残体及施入土壤的有机肥料经分解转化逐渐形成，是土壤的重要成分之一，也是土壤形成的标志，通常可分为非腐殖物质和腐殖物质两类。

非腐殖物质包括糖类化合物（如淀粉、纤维素等）、含氮有机化合物及有机磷和有机硫化合物，一般占土壤有机质总量的 10% ~ 15%。另一类是腐殖物质，是植物残体中稳定性较大的木质素及其类似物，在微生物作用下，部分被氧化形成的一类特殊的高分子聚合物；具有芳环结构，苯环周围连有多种官能团，如羧基、羟基、甲氧基及氨基等，使之具有表面吸附离子交换、络合、缓冲、氧化还原作用及生理活性等性能。土壤有机质一般占土壤固相物质总质量的 5% 左右，对于土壤的物理、化学和生物学性状有较大的影响。

（三）土壤生物

土壤中生活着微生物（细菌、真菌、放线菌、藻类等）及动物（原生动物蚯蚓、线虫类等）。它们不但是土壤有机质的重要来源，更重要的是对进入土壤的有机污染物的降解及无机污染物（如重金属）的形态转化起着主导作用，是土壤净化功能的主要贡献者和土壤质量的灵敏指示剂。

（四）土壤溶液

土壤溶液是土壤水分及其所含溶质的总称，其中溶质包括可溶无机盐、可溶有机物、无机胶体及可溶性气体等。土壤溶液既是植物和土壤生物的营养来源，又是土壤中各种物理、化学反应和微生物作用的介质，成为影响土壤性质及污染物迁移、转化的重要因素。

土壤溶液中的水源于大气降水、降雪、地表径流和农田灌溉。若地下水位接近地表面，也是土壤溶液中水的来源之一。

（五）土壤空气

土壤空气存在于未被水分占据的土壤孔隙中，源于大气、生物化学反应和化学反应产生的气体（如甲烷、硫化氢氢气、氮氧化物、二氧化碳等）。土壤空气组成与土壤本身特性相关，也与季节、土壤水分、土壤深度等条件相关。例如：在排水良好的土壤中，土壤空气主要源于大气，其组分与大气基本相同，以氮、氧和二氧化碳为主；而在排水不良的土壤中氧含量下降，二氧化碳含量增加。土壤空气含氧量比大气少，而二氧化碳含量高于大气。

三、土壤的基本性质

（一）吸附性

土壤的吸附性能与土壤中存在的胶体物质密切相关。土壤胶体包括无机胶体（如黏土矿物和铁、铝、硅等水合氧化物）、有机胶体（主要是腐殖质及少量的生物活动产生的有机物）、有机—无机复合胶体。

由于土壤胶体具有巨大的表面积，胶粒表面带有电荷，分散在水中时界面上产生双电层，使其对有机污染物（如有机磷和有机氯农药等）和无机污染物有极强的吸附能力。

（二）酸碱性

土壤的酸碱性是土壤的重要理化性质之一，是土壤在形成过程中受生物、气候、地质、水文等因素综合作用的结果，对植物生长和土壤肥力及土壤污染物的迁移转化都有重要的影响。

中国土壤的 pH 值大多在 4.5 ~ 8.5 范围内，并呈"东南酸西北碱"的规律。根据土壤中氢离子存在的形式，土壤酸度分为活性酸度和潜性酸度两类。活性酸度是指土壤溶液中游离氢离子浓度反映的酸度，又称有效酸度，通常用 pH 值表示。潜性酸度是指土壤胶体吸附的可交换氢离子和铝离子经离子交换作用后所产生的酸度。例如，土壤中施入中性钾肥（KCl）后，溶液中的钾离子与土壤胶体上的氢离子和铝离子发生交换反应，产生盐酸和三氯化铝。土壤潜性酸度常用

100g 烘干土中氢离子的摩尔数表示。

土壤碱性主要来自土壤中钙、镁、钠、钾的重碳酸盐碳酸盐及土壤胶体上交换性钠离子的水解作用。

（三）氧化—还原性

土壤中存在着多种氧化性和还原性无机物质及有机物质，使其具有氧化性和还原性。土壤中的游离氧和高价金属离子、硝酸根等是主要的氧化剂；土壤有机质及其在厌氧条件下形成的分解产物和低价金属离子是主要的还原剂。土壤环境的氧化作用或还原作用通过发生氧化反应或还原反应反映出来，故可以用氧化还原电位来衡量。通常当氧化还原电位 > 300mV 时，氧化体系起主导作用，土壤处于氧化状态；当氧化还原电位 < 300mV 时，还原体系起主导作用，土壤处于还原状态。

四、土壤污染

由于人为原因和自然原因，使各类污染物质通过多种渠道进入土壤环境。土壤污染不仅使其肥力下降，还可能构成二次污染源，污染水体、大气、生物，进而通过食物链危害人体健康。

（一）土壤污染的来源

土壤污染源可分为天然污染源和人为污染源。天然污染源来自矿物风化后自然打散，火山爆发后降落的火山灰以及由于气象因素或者地质灾害所引起的土壤污染。人为污染源是土壤污染的主要污染源，包括：不合理地使用农药、化肥，污水灌溉，使用不符合标准的污泥，城市垃圾及工业废弃物，固体废物随意堆放或填埋，以及大气沉降物等；而且大型水利工程、截流改道和破坏植被也可造成土壤污染。

（二）土壤污染的种类

土壤中污染物种类多，一般可分为有机物、无机物、土壤生物和放射性污染物质，其中以化学污染物最为普遍和严重。化学污染物，如重金属、硫化物、氟化物、农药等。生物类污染物主要是病原微生物，放射性污染物主要是 90 锶、

137 铯等。

（三）土壤污染的特点

（1）土壤污染比较隐蔽。从开始污染到发现污染导致的后果，有一段很长的间接、逐步、积累的隐蔽过程，如日本的"镉米"事件。

（2）土壤一旦被污染后就很难恢复，有时被迫改变用途或者放弃使用，严重的污染还会通过食物链危害动物和人体，甚至使人畜失去赖以生存的基础。所以，在土壤环境污染研究中，不但要研究污染物的总量，还必须研究污染物的形态和价态，以利于更好地阐明污染物在环境中的迁移转化规律，预测环境质量变化的趋势，也有助于制定环境标准和制定改造已被污染的土壤的治理措施。

（3）污染后果严重。严重的污染通过食物链危害人类和动植物。

（4）土壤污染的判定比较复杂。土壤污染物的性质与其存在的价态、形态、浓度、化学性质及其存在的环境条件等密切相关。研究表明，地球表面上的每一特定区域都有它特有的地球化学性质，所以在进行判定时一定要依据当地的实际情况进行考虑，其中应将土壤本底值纳入考虑的范围内。

五、土壤背景值

土壤背景值又称土壤本底值。它是指在未受人类社会行为干扰（污染）和破坏时，土壤成分的组成和各组分（元素）的含量。当今，由于人类活动的长期影响和工农业的高速发展，使土壤环境的化学成分和含量水平发生了明显的变化，要想寻找绝对未受污染的土壤环境是十分困难的，因此环境背景值实际是一个相对的概念。不同自然条件下发育的不同土类或同一种土类发育于不同的母质母岩区，其土壤环境背景值也有明显差异；就是同一地点采集的样品，分析结果也不可能完全相同，因此土壤环境背景值也是统计性的。

土壤元素背景值是环境保护和环境科学的基础数据，是研究污染物在土壤中变迁和进行土壤质量评价与预测的重要依据。一般判断土壤污染的程度，是将土壤中有关元素的测定值与土壤背景值相比较。土壤背景值在实际应用中有两种概念：其一是指一个国家或一个地区土壤中某元素的平均含量。将污染区某元素含量与之相比，若超过该值，即为污染；超过越多，污染越重。其二是按土壤类型考虑，规定未被污染的某一类型土壤中某元素的平均含量为背景值。将受污染的同一类型土壤中某元素的平均含量与之相比，即可得知该土壤受污染的程度。

六、土壤环境质量监测方案

（一）监测目的

1. 土壤质量现状监测

监测土壤质量目的是判断土壤是否被污染及污染状况，并预测其发展变化趋势。

2. 土壤污染事故监测

污染物对土壤造成污染，或者使土壤结构与性质发生了明显变化，或者对作物造成了伤害，因此需要调查分析主要污染物，确定污染的来源、范围和程度，为行政主管部门采取对策提供科学依据。

3. 污染物土地处理的动态监测

在土地利用和处理过程中，许多无机和有机污染物质被带入土壤，其中有的污染物质残留在土壤中，并不断地积累，需要对其进行定点长期动态监测，既能充分利用土地的净化能力，又能防止土壤污染，保护土壤生态环境。

4. 土壤背景值调查

通过分析测定土壤中某些元素的含量，确定这些元素的背景值水平和变化情况，了解元素的丰缺和供应状况，为保护土壤生态环境、合理施用微量元素及探讨与防治地方病因提供依据。

（二）资料的收集

广泛收集相关资料，包括自然环境和社会环境方面的资料。自然环境方面的资料包括土壤类型、植被、区域土壤元素背景值、土地利用、水土流失、自然灾害、水系、地下水、地质、地形地貌气象等，以及相应的图片（如土壤类型图、地质图、植被图等）。

社会环境方面的资料包括工农业生产布局、工业污染源种类及分布、污染物种类及排放途径和排放量、农药和化肥使用状况、污水灌溉及污泥施用状况、人口分布、地方病等及相应图片（如污染源分布图、行政区划图等）。

（三）监测项目

土壤监测项目应根据监测目的确定。背景值调查研究是为了了解土壤中各种元素的含量水平，要求测定项目多。污染事故监测仅测定可能造成土壤污染的项目。土壤质量监测测定影响自然生态和植物正常生长及危害人体健康的项目。

选择必测项目是根据监测地区环境污染状况，确认在土壤中积累较多、对农业危害较大、影响范围广、毒性较强的污染物，具体项目由各地自己确定。选择项目指新纳入的在土壤中积累较少的污染物，由于环境污染导致土壤性状发生改变的土壤性状指标和农业生态环境指标。选择必测项目和选测项目，包括铁锰、总钾、有机质、总氮、有效磷、总磷、水分、总硒、有效硼、总硼、总钼、氟化物、氯化物、矿物油、苯并芘、全盐量。

七、土壤样品的采集与制备

（一）土壤样品的采集

采集土壤样品包括根据监测目的和监测项目确定样品类型、进行物质技术和组织准备、现场踏勘及实施采样等工作。

1.采样点的布设

为使布设的采样点具有代表性和典型性，应遵循下列原则：

（1）合理地划分采样单元。在进行土壤监测时，往往涉及范围较广、面积较大，需要划分成若干个采样单元，同时在不受污染源影响的地方选择对照采样单元。因为不同类型的土壤和成土母质的元素组成、含量相差较大，土壤质量监测或土壤污染监测可按照土壤接纳污染物的途径（如大气污染、农灌污染、综合污染等），参考土壤类型、农作物种类耕作制度等因素，划分采样单元。背景值调查一般按照土壤类型和成土母质划分采样单元。同一单元的差别应尽可能缩小。

（2）坚持哪里有污染就在哪里布点，并根据技术力量和财力条件，优先布设在那些污染严重、影响农业生产活动的地方。

（3）采样点不能设在田边、沟边、路边、肥堆边及水土流失严重或表层土被破坏处。

土壤监测布设采样点数量要根据监测目的、区域范围大小及其环境状况等因素确定。监测区域大且环境状况复杂，布设采样点就要多；监测范围小且环境状况差异小，布设采样点数量就少。一般要求每个采样单元最少设 3 个采样点。

2. 采样点布设方法

（1）对角线布点法。该法适用于面积较小、地势平坦的污水灌溉或污染河水灌溉的田块。由田块进水口引一对角线，在对角线上至少分 5 等份，以等分点为采样分点。若土壤差异性大，可增加等分点。

（2）梅花形布点法。该法适用于面积较小、地势平坦、土壤物质和污染程度较均匀的地块。中心分点设在地块两对角线相交处，一般设 5 ~ 10 个分点。

（3）棋盘式布点法。该法适用于中等面积、地势平坦、地形完整开阔，但土壤较不均匀的田块，一般设 10 个以上分点。此法也适用于受固体废物污染的土壤，因为固体废物分布不均匀，应设 20 个以上分点。

（4）蛇形布点法。该法适用于面积较大、地势不很平坦、土壤不够均匀的田块。布设分点数目较多。

（5）放射状布点法。该法适用于大气污染型土壤。以大气污染源为中心，向周围画射线，在射线上布设采样分点。在主导风向的下风向适当增加分点之间的距离和分点数量。

（6）网格布点法。该法适用于地形平缓的地块。将地块划分成若干均匀网状方格，采样分点设在两条直线的交点处或方格的中心。农用化学物质污染型土壤、土壤背景值调查常用这种方法。

3. 土壤样品的类型、采样深度及采样量

如果只是一般了解土壤污染状况，对种植一般农作物的耕地只需采集 0 ~ 20cm 耕作层土壤；对于种植果林类农作物的耕地，采集 0 ~ 60cm 耕作层土壤。将在一个采样单元内各采样分点采集的土样混合均匀制成混合样，组成混合样的分点数通常为 5 ~ 20 个。混合样量往往较大，需要用四分法弃取，最后留下 1 ~ 2kg，装入样品袋。

如果要了解土壤污染深度，则应按土壤剖面层次分层采样。土壤剖面指地面向下的、垂直于土体的切面。在垂直切面上可观察到与地面大致平行的若干层具有不同颜色、性状的土层。典型的自然土壤剖面分为 A 层（表层、腐殖质淋溶层）、B 层（亚层、淀积层）、C 层（风化母岩层、母质层）和底岩层。

采集土壤剖面样品时，需在特定采样地点挖掘一个 1m × 1.5m 左右的长方形土坑，深度在 2m 以内，一般要求达到母质或潜水层即可。盐碱地地下水位较高，应取样至地下水位层；山地，土层薄，可取样至母岩风化层。根据土壤剖面颜色、结构、质地、松紧度、温度、植物根系分布等划分土层，并进行仔细观察，将剖面形态特征自上而下逐一记录。随后在各层最典型的中部自下而上逐层用小土铲切取一片片土壤样，每个采样点的取样深度和取样量应一致。将同层次土壤混合均匀，各取1kg土样，分别装入样品袋。土壤背景值调查也需要挖掘剖面，在剖面各层次典型中心部位自下而上采样，但切忌混淆层次、混合采样。

注意：土壤剖面点位不得选在土类和母质交错分布的边缘地带或土壤剖面受破坏的地方；剖面的观察面要向阳。

4. 采样时间和频率

为了解土壤污染状况，可随时采集样品进行测定。如需同时掌握在土壤上生长的作物受污染的状况，可在季节变化或作物收获期采集。一般土壤在农作物收获期采样测定，必测项目一年测定一次，其他项目3～5年测定一次。

5. 采样注意事项

（1）采样同时，填写土壤样品标签、采样记录、样品登记表。土壤标签一式两份，一份放入样品袋内，一份扎在袋口，并于采样结束时在现场逐项逐个检查。

（2）测定重金属的样品，尽量用竹铲、竹片直接采集样品，或用铁铲、土钻挖掘后用竹片刮去与金属采样器接触的部分，再用竹铲或竹片采集土样。

（二）土壤样品的加工与管理

现场采集的土壤样品经核对无误后，进行分类装箱，按时运往实验室加工处理。在运输中严防样品的损失、混淆和污染，并派专人押运。

1. 样品加工处理

样品加工又称样品制备，其处理程序是风干、磨细、过筛、混合、分装，制成满足分析要求的土壤样品。

加工处理的目的是：除去非土部分，使测定结果能代表土壤本身的组成；有利于样品能较长时期保存，防止发霉、变质；通过研磨、混匀，使分析时称取的样品具有较高的代表性。加工处理工作应在向阳（勿使阳光直射土样）、通风、整洁、无扬尘、无挥发性化学物质的房间内进行。

在风干室将潮湿土样倒在白色搪瓷盘内或塑料膜上，摊成约2cm厚的薄层，用玻璃棒间断地压碎、翻动，使其均匀风干。在风干过程中，拣出碎石、沙砾及植物残体等杂质。

如果进行土壤颗粒分析及物理性质测定等物理分析，取风干样品100～200g置于有机玻璃板上，用木棒、木碾再次压碎。经反复处理使其全部通过2mm孔径（10目）的筛子，混匀后贮于广口玻璃瓶内。

如果进行化学分析，土壤颗粒细度影响测定结果的准确性，即使对于一个混合均匀的土样，由于土粒大小不同，其化学成分及其含量也有差异，应根据分析项目的要求处理成适宜大小的颗粒。一般处理方法是：将风干样放在有机玻璃板或木板上，用锤、滚、棒压碎，并除去碎石、沙砾及植物残体后，用四分法分取所需土样量，使其全部通过孔径为0.84mm（20目）的尼龙筛。过筛后的土样全部置于聚乙烯薄膜上，充分混匀，用四分法分成两份，一份交样品库存放，可用于土壤pH值、土壤交换量等项目测定用；另一份继续用四分法缩分成两份，一份备用，一份研磨至全部通过0.25mm（60目）或0.149mm（100目）孔径尼龙筛，充分混合均匀后备用。通过0.25mm（60目）孔径筛的土壤样品，用于农药、土壤有机质、土壤全氮量等项目的测定；通过0.149mm（100目）孔径筛的土壤样品用于元素分析。样品装入样品瓶或样品袋后，及时填写标签，一式两份，瓶内或袋内1份，外贴1份。

测定挥发性或不稳定组分，如挥发酚氨态氮硝态氮、氰化物等，需用新鲜土样。

制样过程中采样时的土壤标签与土壤始终放在一起，严禁错混，样品名称和编码始终不变。

制样工具每处理一份样后擦抹（洗）干净，严防交叉污染。分析挥发性、半挥发性有机物或萃取有机物无须上述制样过程，用新鲜样品按特定的方法进行样品前处理。

2. 样品管理

土壤样品管理包括土样加工处理分装、分发过程中的管理和样品入库保存管理。土壤样品在加工过程中处于从一个环节到另一个环节的流动状态中，必须建立严格的管理制度和岗位责任制，按照规定的方法和程序工作，按要求认真做好各项记录。

对需要保存的土壤样品，要依据欲分析组分性质选择保存方法。风干土样存放于干燥、通风、无阳光直射、无污染的样品库内，保存期通常为半年至1年。如果分析测定工作全部结束，检查无误后，无须保留时可弃去土样。在保存期内，应定期检查样品储存情况，防止霉变、鼠害和土壤标签脱落等。样品库要保持干燥、通风、无阳光直射、无污染。用于测定挥发性和不稳定组分用新鲜土壤样品，将其放在玻璃瓶中，置于低于4℃的冰箱内存放，保存半个月。

八、土壤污染的植物监测

（一）土壤污染的指示植物

当土壤受到污染后，污染物对植物产生的各种"信号"，同样可以用来监测土壤环境污染状况。植物受土壤污染后的"信号"和对大气污染的反应类同，主要是：

（1）产生可见症状。植物受到污染物质的影响后，通常会在叶片上出现肉眼看得见的伤斑。而且，污染物质的种类和浓度不同所产生的受害症状亦各有不同。

（2）生理代谢异常。污染对植物的生理活动产生影响，使蒸腾率降低，呼吸作用加强，叶绿素相对含量减少，光合作用强度下降，结果生长发育受到抑制，生长量减少，植株矮化，叶面积变小，叶片早落和落花落果，等等。

（3）植物成分发生变化。在正常情况下，植物的成分大致是一定的。受到污染后，由于植物吸收污染物质而使其中的某些成分含量发生变化。

因此，人们可以利用敏感的指示植物来监测和评价土壤环境质量。

（二）土壤污染与植物反应

植物的影响，主要是对农作物的危害，因为通过农作物可以污染食物。

1. 金属元素的影响

铅对大豆、玉米的影响，表现为铅浓度增加，光合作用和呼吸作用降低。镉的毒害可使大豆小麦发生黄萎病，干物质重量显著下降。大豆对镉比小麦更为敏感，叶片可由黄色变为棕色，甚至叶柄也变为淡红色，叶片褪绿，叶绿素严重缺乏，表现为严重缺铁症状。在高浓度镉的毒害下，小麦10天后就出现受害症状，25天后完全枯死。开始时在叶片出现黑褐色斑块，然后整片叶子萎黄，叶尖呈黑褐色斑块，斑块逐渐连片，致使组织坏死而死亡。蔬菜也会因大量吸镉而受害，生长迟缓，产量下降。

2.有机污染物的影响

酚对几种农作物的影响试验结果是：水稻，在 25mg/L 浓度浇灌时，种子发芽势弱，生长受抑制，产量下降 9.9% ~ 27.6%；从 200mg/L 开始，为水稻生长的危害浓度，生育期延迟，植株矮小，根系发黑，干粒重和产量显著下降（减产 38.6%）；当含酚量在 800mg/L 以上时，则为水稻的致死浓度，叶色变灰，植株不长，呈萎蔫状态，根系发黑逐渐枯死。

小麦和玉米对酚类化合物不敏感，忍耐能力较强，一般在含酚量 200mg/L 以下对它们生长发育及产量影响不大。黄瓜，含酚量在 100mg/L 时为生长的抑制浓度，产量有所下降；从 200mg/L 开始，为黄瓜生长的危害浓度；而 800mg/L 时，植株显著矮化。

（三）土壤植物监测调查项目

1.树木调查项目

主要调查树木的生活力指标，其余项目可根据需要和可能有重点地进行。

（1）树势。旺盛、衰弱、严重衰弱、死亡。

（2）树形。正常、轻度变形、中度变形、严重变形。

（3）枝的伸长量。正常、偏少、少、极少。

（4）树梢枯损。未见、少量、明显、严重。

（5）枝叶的密度。正常、部分稀疏、明显稀疏。

（6）叶形。正常、轻度变形、中度变形、重度变形。

（7）叶的大小。正常、轻度变形、中度变形、严重变形。

（8）叶色。正常、轻度变色、中度变色、严重变色。

（9）症状媒体未见、轻度、中度、严重。

（10）落叶媒体正常、少量落叶、大量落叶、严重落叶。

2.蔬菜及作物调查项目

①产量。正常、轻度减产、中度减产、严重减产。

②品质。正常、轻度下降、中度下降、严重下降。

③受害情况。正常、轻度受害、中度受害、严重受害。

污染物质残留量。

3. 植被调查项目

群落的种类组成、群落的结构、种类受影响度。

九、土壤污染的动物监测法

研究发现软体动物体重与镉含量有十分明显的相关性，认为它将是一种有实用价值的土壤镉监测的指示生物。

农药使用可以造成 90% 以上的蚯蚓死亡，而影响了土壤团粒结构的形成。土壤中铅对昆虫、蚯蚓和微生物的活动也有影响。

以抽样方法来估计不同类型土壤中蚯蚓或其他几种节肢动物种群数量。一种估量种群数量是较困难的，只得采用抽样方法来统计样方内全部个体数，然后将其均值去估量种群的整体。因此，样方必须有代表性。

选择不同类型土壤环境，如对照区、污染区、品种类型，需挖 3 个样方。每个样方的面积为 $0.25m^2$，深 30cm。分别统计土表层、1～10cm 层、11～20cm 层、21～30cm 层的动物种类及其数量。对土壤的不同层次，需测定土壤温度及 pH 值。最后调查测定结果登记。

十、土壤污染的微生物监测法

土壤是自然界中微生物生活最适宜的环境，它具有微生物所需要的一切营养物质，以及微生物进行繁殖、维持生命活动所必需的各种条件。目前已发现的微生物可以从土壤中分离出来，因此土壤被称为"微生物的大本营"。

土壤受到污染后，其中的微生物群落结构及其功能就会发生改变。通过测定污染物进入土壤前后的微生物种类、数量、生长状况，以及生理生化等特征，就可以检测土壤受污染的程度。

（1）土壤中的大肠菌群。粪便中的大肠菌群进入土壤中，随时间的推移会逐渐消亡，其存活时间由数日到数月。因此，根据土壤中大肠菌群的细菌数量评价土壤受病原微生物污染的程度。

（2）土壤中的真菌和放线菌。对于难降解的天然有机物，如纤维素、木质素、果胶质，真菌和放线菌具有较强的利用能力。另外，真菌适合在酸性条件下生存。因此，可以根据土壤中真菌和放线菌的数量变化，判断土壤有机物的组成和 pH 值的变化。

（3）土壤中的腐生菌。有机物进入土壤后，其中的腐生菌繁殖加快、数量增加，故而可以利用土壤中腐生菌的数量来评价土壤有机污染的状况。土壤中的有机物由于微生物的分解、氧化作用而减少，使土壤净化，在此过程中微生物群落发生有规律的演替。因此，土壤中非芽孢菌和芽孢菌的比例变化可以表征土壤有机污染及其净化的过程。

十一、生物学评价方法

（一）土壤毒物生物评价法

该法是根据植物成分分析结果，根据各评价项目所获得的结果与本底值比较，得出各调查地的相对污染度，即严重污染、重度污染、中度污染、轻度污染、清洁。

（二）土壤生物污染评价法

水和土壤是否有生物污染，大肠杆菌是重要的评价指标。它与其他病菌出现频率有明显关系。

第七章 环境空气和废气监测

第一节 大气环境污染基本知识

一、大气污染源

大气污染源可分为自然源和人为源两种。自然污染源是由于自然现象造成的，比如火山爆发时喷射出大量粉尘、二氧化硫气体等，森林火灾产生大量二氧化碳、碳氢化合物、热辐射等。人为污染源是由于人类的生产和生活活动造成的，是空气污染的主要来源。

（一）工业企业排放的废气

在工业企业排放的废气中，排放量最大的是以煤和石油为燃料，在燃烧过程中排放的粉尘、SO_2、NO_x、CO、CO_2 等；其次是工业生产过程中排放的多种有机和无机污染物质。

（二）交通运输工具排放的废气

交通运输工具排放的废气主要是交通车辆、轮船、飞机排出的废气。其中，汽车数量最大，并且集中在城市，故对空气质量特别是城市空气质量影响大，是一种严重的空气污染源；其排放的主要污染物有碳氢化合物、一氧化碳、氮氧化物和黑烟等。

（三）室内空气污染源

随着人们生活水平、现代化水平的提高，加上信息技术的飞速发展，人们在室内活动的时间越来越长。据估计，现代人，特别是生活在城市中的人80%以上的时间是在室内度过的。因此，近年来对建筑物室内空气质量的监测及其评估，在国内外引起广泛重视。据测量，室内污染物的浓度高于室外污染物浓度2～5倍。室内环境污染直接威胁着人们的身体健康。流行病学调查表明：室内环境污染将提高急、慢性呼吸系统障碍疾病的发生率，特别是使肺结核、鼻、咽、喉和肺癌、白血病等疾病的发生率、死亡率上升，导致社会劳动效率降低。室内污染来源是多方面的，如含有过量有害物质的化学建材大量使用、装修不当、高层封闭建筑新风不足、室内公共场合人口密度过高等，使室内污染物质难以被充分稀释和置换，从而引起室内环境污染。

室内空气污染来源有：化学建材和装饰材料中的油漆、胶合板，内墙涂料、刨花板中含有的挥发性的有机物，如甲醛、苯、甲苯、氯仿等有毒物质；大理石、地砖、瓷砖中的放射性物质的排放（氡气及其子体）；烹饪、吸烟等室内燃烧所产生的油、烟污染物质；人群密集且通风不良的封闭室内 CO_2 过高；空气中的霉菌、真菌和病毒；等等。

1.室内空气污染的分类

（1）化学性污染。例如，甲醛、总挥发有机物等。

（2）物理性污染。例如，温度、相对湿度、通风率、新风量、电磁辐射等。

（3）生物性污染。例如，霉菌、真菌、细菌、病毒等。

（4）放射性污染。例如，氡气及其子体。

2.室内空气的质量表征

舒适性指标包括室内温度、湿度、大气压、新风量等。它属主观性指标，与季节（夏季和冬季室内温度控制不一样）、人群生活习惯等有关。

二、空气中的污染物及其存在状态

空气中污染物的种类不下数千种，已发现有危害作用而被人们注意到的有100多种。根据空气污染物的形成过程，可将其分为一次污染物和二次污染物。

一次污染物是直接从各种污染源排放到空气中的有害物质。常见的主要有二氧化硫、氮氧化物、一氧化碳、碳氢化合物、颗粒性物质等。颗粒性物质中包含苯并芘等强致癌物质、有毒重金属、多种有机和无机化合物等。

二次污染物是一次污染物在空气中相互作用或它们与空气中的正常组分发生反应所产生的新污染物。这些新污染物与一次污染物的化学、物理性质完全不同，多为气溶胶，具有颗粒小、毒性一般比一次污染物大等特点。常见的二次污染物有硫酸盐、硝酸盐、臭氧、醛类（乙醛和丙烯醛等）、过氧乙酰硝酸酯（PAN）等。

空气中的污染物质的存在状态是由其自身的理化性质及形成过程决定的，气象条件也起一定的作用。一般将它们分为分子状态污染物和粒子状态污染物两类。

（一）分子状态污染物

某些物质，如二氧化硫、氮氧化物、一氧化碳、氯化氢、氯气、臭氧等，沸点都很低，在常温、常压下以气体分子形式分散于空气中。还有些物质，如苯、苯酚等，虽然在常温、常压下是液体或固体，但因其挥发性强，故能以蒸气态进入空气中。

无论是气体分子还是蒸气分子，都具有运动速度较大、扩散快、在空气中分布比较均匀的特点。它们的扩散情况与自身的密度有关，密度大者向下沉降，如汞蒸气等；密度小者向上飘浮，并受气象条件的影响，可随气流扩散到很远的地方。

（二）粒子状态污染物

粒子状态污染物（或颗粒物）是分散在空气中的微小液体和固体颗粒，粒径多在 $0.01 \sim 100\mu m$，是一个复杂的非均匀体系。通常根据颗粒物在重力作用下的沉降特性将其分为降尘和可吸入颗粒物。粒径大于 $10\mu m$ 的颗粒物能较快地沉降到地面上，称为降尘；粒径小于 $10\mu m$ 的颗粒物可长期飘浮在空气中，称为可吸入颗粒物或飘尘。粒径小于 $2.5\mu m$ 的颗粒物能够直接进入支气管，干扰肺部的气体交换，引发哮喘、支气管炎和心血管病等方面的疾病。空气污染常规测定项目——总悬浮颗粒物是粒径小于 $100\mu m$ 颗粒物的总称。

可吸入颗粒物具有胶体性质，故又称气溶胶。它易随呼吸进入人体肺脏，在肺泡内积累，并可进入血液输往全身，对人体健康危害大。通常所说的烟、雾、灰尘也是用来描述颗粒物存在形式的。

某些固体物质在高温下由于蒸发或升华作用变成气体逸散于空气中，遇冷后又凝聚成微小的固体颗粒悬浮于空气中构成烟。例如，高温熔融的铅、锌，可迅速挥发并氧化成氧化铅和氧化锌的微小固体颗粒。烟的粒径一般为 0.01 ~ 1μm。

雾是由悬浮在空气中的微小液滴构成的气溶胶。按其形成方式可分为分散型气溶胶和凝聚型气溶胶。常温状态下的液体，由于飞溅、喷射等原因被雾化而形成微小雾滴分散在空气中，构成分散型气溶胶。液体因加热变成蒸气逸散到空气中，遇冷后又凝集成微小液滴形成凝聚型气溶胶。雾的粒径一般在 10μm 以下。

通常所说的烟雾是烟和雾同时构成的固、液混合态气溶胶，如硫酸烟雾、光化学烟雾等。硫酸烟雾主要是由燃煤产生的高浓度二氧化硫和煤烟形成的。二氧化硫经氧化剂、紫外光等因素的作用被氧化成三氧化硫，三氧化硫与水蒸气结合形成硫酸烟雾。空气中的氮氧化物、一氧醛类等物质悬浮于空气中时构成光化学烟雾。

尘是分散在空气中的固体微粒，如交通车辆行驶时所带起的扬尘、粉碎固体物料时所产生的粉尘、燃煤烟气中的含碳颗粒物等。

第二节　大气环境污染监测方案的制定

一、监测目的

制定大气污染监测方案的程序同制定水质监测方案一样，首先要根据监测目的进行调查研究，收集必要的基础资料；然后经过综合分析，确定监测项目，设计布点网络，选定采样频率、采样方法和监测技术，建立质量保证程序和措施，提出监测结果报告要求及进度计划等。

环境监测的目的是准确、及时、全面地反映环境质量现状及发展趋势，为环境管理、污染源控制、环境规划等提供科学依据。具体可归纳为：

（1）确定监测网覆盖区域内空气污染物可能出现的高浓度值。

（2）确定监测网覆盖区域内各环境质量功能区空气污染物的代表浓度，判定其环境空气质量是否满足环境空气质量标准的要求。

（3）确定监测网覆盖区域内重要污染源对环境空气质量的影响。

（4）确定监测网覆盖区域内环境空气质量的背景水平。

（5）确定监测网覆盖区域内环境空气质量的变化趋势。

（6）为制定地方大气污染防治规划和对策提供依据。

二、调研及资料收集

（一）污染源分布及排放情况

通过调查，将监测区域内的污染源类型、数量、位置、排放的主要污染物及排放量一一弄清楚，同时还应了解所用原料、燃料及消耗量。注意将由高烟囱排放的较大污染源与由低烟囱排放的小污染源区别开来。因为小污染源的排放高度低，对周围地区地面空气中污染物浓度影响比高烟囱排放源大。另外，对于交通运输污染较重和有石油化工企业的地区，应区别一次污染物和由于光化学反应产生的二次污染物。因为二次污染物是在大气中形成的，其高浓度可能在远离污染源的地方，在布设监测点时应加以考虑。

（二）气象资料

污染物在空气中的扩散、迁移和一系列的物理、化学变化，在很大程度上取决于当时当地的气象条件。因此，要收集监测区域的风向、风速、气温、气压、降水量、日照时间、相对湿度、温度垂直梯度和逆温层底部高度等资料。

（三）地形资料

地形对当地的风向、风速和大气稳定情况等有影响，是设置监测网点应当考虑的重要因素。例如：工业区建在河谷地区时，出现逆温层的可能性大；位于丘陵地区的城市，市区内空气污染物的浓度梯度会相当大；位于海边的城市会受海、陆风的影响，而位于山区的城市会受山谷风的影响；等等。为掌握污染物的实际分布状况，监测区域的地形越复杂，要求布设监测点越多。

（四）土地利用和功能分区情况

监测区域内土地利用情况及功能区划分也是设置监测网点应考虑的重要因素之一。不同功能区的污染状况是不同的，如工业区、商业区、混合区、居民区等。还可以按照建筑物的密度、有无绿化地带等做进一步分类。

（五）人口分布及人群健康情况

环境保护的目的是维护自然环境的生态平衡，保护人群的健康。因此，掌握监测区域的人口分布、居民和动植物受空气污染危害情况及流行性疾病等资料，对制定监测方案、分析判断监测结果是有益的。

此外，对于监测区域以往的空气监测资料等也应尽量收集，供制定监测方案时参考。

三、监测站（点）的布设

（一）环境空气质量监测站（点）布设原则

（1）代表性。具有较好的代表性，能客观反映一定空间范围内的环境空气质量水平和变化规律，客观评价城市、区域环境空气状况，污染源对环境空气质量的影响，满足为公众提供环境空气状况健康指引的需求。

（2）可比性。同类型监测点设置条件尽可能一致，使各个监测点获取的数据具有可比性。

（3）整体性。环境空气质量评价城市点应考虑城市自然地理、气象等综合环境因素，以及工业布局，人口分布等社会经济特点，在布局上反映城市主要功能区和主要大气污染源的空气质量现状及变化趋势，从整体出发合理布局，监测点之间相互协调。

（4）前瞻性。应结合城乡建设规划考虑监测点的布设，使确定的监测点能兼顾未来城乡空间格局变化趋势。

（5）稳定性。监测点位置一经确定，原则上不应变更，以保证监测资料的连续性和可比性。

（二）监测站（点）周围环境和采样口位置的具体要求

（1）应采取措施保证监测点附近 1000m 内的土地使用状况相对稳定。

（2）点式监测仪器采样口周围，监测光束附近或开放光程监测仪器发射光源到监测光束接收端之间不能有阻碍环境空气流通的高大建筑物、树木或其他障碍物。从采样口或监测光束到附近最高障碍物之间的水平距离，应为该障碍物与采样口或监测光束高度差的 2 倍以上，或从采样口至障碍物顶部与地平线夹角应小于 30°。

（3）采样口周围水平面应保证 270° 以上的捕集空间；如果采样口一边靠近建筑物，采样口周围水平面应有 180° 以上的自由空间。

（4）监测点周围环境状况相对稳定，所在地质条件需长期稳定和足够坚实，所在地点应避免受山洪、雪崩、山林火灾和泥石流等局地灾害影响，安全和防火措施有保障。

（5）监测点附近无强大的电磁干扰，周围有稳定可靠的电力供应和避雷设备，通信线路容易安装和检修。

（6）区域点和背景点周边向外的大视野需 360° 开阔，1～10km 方圆距离内应没有明显的视野阻断。

（7）应考虑：监测点位设置在机关单位及其他公共场所时，保证通畅、便利的出入通道及条件；在出现突发状况时，可及时赶到现场进行处理。

（8）对于手工采样，其采样口离地面的高度应在 1.5～15m 范围内。

（9）对于自动监测，其采样口或监测光束离地面的高度应在 3～20m 范围内。

（10）对于路边交通点，其采样口离地面的高度应在 2～5m 范围内。

（11）在保证监测点具有空间代表性的前提下，若所选监测点位周围半径 300～500m 范围内建筑物平均高度在 25m 以上，无法按满足（8）、（9）的高度要求设置时，其采样口高度可以在 20～30m 范围内选取。

（12）在建筑物上安装监测仪器时，监测仪器的采样口离建筑物墙壁、屋顶等支撑物表面的距离应大于 1m。

（13）使用开放光程监测仪器进行空气质量监测时，在监测光束能完全通过的情况下，允许监测光束从日平均机动车流量少于 10000 辆的道路上空、对监测结果影响不大的小污染源和少量未达到间隔距离要求的树木或建筑物上空穿过，穿过的合计距离，不能超过监测光束总光程长度的10%。

（14）当某监测点需设置多个采样口时，为防止其他采样口干扰颗粒物样品的采集，颗粒物采样口与其他采样口之间的直线距离应大于1m。若使用大流量总悬浮颗粒物采样装置进行并行监测，其他采样口与颗粒物采样口的直线距离应大于2m。

（15）对于环境空气质量评价城市点，采样口周围至少50m范围内无明显固定污染源。

（16）开放光程监测仪器的监测光程长度的测绘误差应在 ±3m 内（当监测光程长度小于200m时，光程长度的测绘误差应小于实际光程的 ±1.5%）。

（17）开放光程监测仪器发射端到接收端之间的监测光束仰角不超过15°。

（三）采样站（点）数目的确定

在一个监测区域内，采样站（点）设置数目应根据监测范围大小、污染物的空间分布和地形地貌特征、人口分布情况及其密度、经济条件等因素综合考虑确定。

我国对空气环境污染例行监测采样站（点）设置数目主要依据城市人口多少，并要求对有自动监测系统的城市以自动监测为主，人工连续采样点辅之；无自动监测系统的城市，以连续采样点为主，辅以单机自动监测，便于解决缺少瞬时值的问题。

（四）采样站（点）布设方法

监测区域内的采样站（点）总数确定后，可采用经验法、统计法、模拟法等进行站（点）布设。

经验法是常采用的方法，特别是对尚未建立监测网或监测数据积累少的地区，需要凭借经验确定采样站（点）的位置。

1.功能区布点法

按功能区划分布点法多用于区域性常规监测。先将监测区域划分为工业区、商业区、居住区、工业和居住混合区、交通稠密区、清洁区等，再根据具体污染情况和人力、物力条件，在各功能区设置一定数量的采样点。各功能区的采样点数不要求平均，在污染源集中的工业区和人口较密集的居住区多设采样点。

2. 网格布点法

这种布点法是将监测区域地面划分成若干均匀网状方格，采样点设在两条直线的交点处或方格中心。网格大小视污染源强度、人口分布及人力、物力条件等确定。若主导风向明显，下风向设点应多一些，一般约占采样点总数的60%。对于有多个污染源，且污染源分布较均匀的地区，常采用这种布点方法。它能较好地反映污染物的空间分布；如将网格划分得足够小，则将监测结果绘制成污染物浓度空间分布图，对指导城市环境规划和管理具有重要意义。

3. 同心圆布点法

这种方法主要用于多个污染源构成污染群，且大污染源较集中的地区。先找出污染群的中心，以此为圆心在地面上画若干个同心圆，再从圆心作若干条放射线，将放射线与圆周的交点作为采样点。不同圆周上的采样点数目不一定相等或均匀分布，常年主导风向的下风向比上风向多设一些点。例如，同心圆半径分别取4km、10km、20km、40km，从里向外各圆周上分别设4、8、8、4个采样点。

4. 扇形布点法

扇形布点法适用于孤立的高架点源，且主导风向明显的地区。以点源所在位置为顶点，主导风向为轴线，在下风向地面上设计一个扇形区作为布点范围。扇形的角度一般为45°，也可更大些，但不能超过90°。采样点设在扇形平面内距点源不同距离的若干弧线上。每条弧线上设3～4个采样点，相邻两点与顶点连线的夹角一般取10°～20°。在上风向应设对照点。

采用同心圆和扇形布点法时，应考虑高架点源排放污染物的扩散特点。在不计污染物本底浓度时，点源脚下的污染物浓度为零；随着距离增加，很快出现浓度最大值，然后按指数规律下降。因此，同心圆或弧线不宜等距离划分，而是靠近最大浓度值的地方密一些，以免漏测最大浓度的位置。至于污染物最大浓度出现的位置，与源高、气象条件和地面状况密切相关。

四、采样频率和采样时间

采样频率系指在一个时段内的采样次数；采样时间指每次采样从开始到结束所经历的时间。二者要根据监测目的、污染物分布特征、分析方法灵敏度等因素确定。例如：为监测空气质量的长期变化趋势，连续或间歇自动采样测定为最佳方式；事故性污染等应急监测要求快速测定，采样时间尽量短；对于一级环境影响评价项目，要求不得少于夏季和冬季两期监测，每期应取得有代表性的 7 天监测数据，每天采样监测不少于 6 次。

五、采样方法

采集空气样品的方法和仪器要根据空气中污染物的存在状态、浓度、物理化学性质及所用监测方法选择，在各种污染物的监测方法中都规定了相应采样方法。

采集空气样品的方法可归纳为直接采样法和富集（浓缩）采样法两类。

（一）直接采样法

当空气中的被测组分浓度较高，或者监测方法灵敏度高时，直接采集少量气样即可满足监测分析要求。例如，用非色散红外吸收法测定空气中的一氧化碳，用紫外荧光法测定空气中的二氧化硫，等等都用直接采样法。这种方法测得的结果是瞬时浓度或短时间内的平均浓度，能较快地测知结果。常用的采样容器有注射器、塑料袋、真空瓶（管）等。

1. 注射器采样

常用 100mL 注射器采集有机蒸气样品。采样时，先用现场气体抽洗 2 ~ 3 次，然后抽取 100mL，密封进气口，带回实验室分析。样品存放时间不宜长，一般应当天分析完。

2. 塑料袋采样

应选择与气样中污染组分既不发生化学反应，也不吸附、不渗漏的塑料袋。常用的有聚四氟乙烯袋、聚乙烯袋及聚酯袋等。为减小对被测组分的吸附，可在袋的内壁衬银、铝等金属膜。采样时，先用二联球打进现场气体冲洗 2 ~ 3 次，再充满气样，夹封进气口，带回尽快分析。

3. 采气管采样

采气管是两端具有旋塞的管式玻璃容器，其容积为 100 ~ 500mL。采样时，打开两端旋塞，将二联球或抽气泵接在管的一端，迅速抽进比采气管容积大 6 ~ 10 倍的欲采气体，使采气管中原有气体被完全置换出。关上两端旋塞，采气体积即为采气管的容积。

4. 真空瓶采样

真空瓶是一种用耐压玻璃制成的固定容器，容积为 500 ~ 1000mL。采样前，先用抽真空装置将采气瓶（瓶外套有安全保护套）内抽至剩余压力达 1.33kPa 左右；如瓶内预先装入吸收液，可抽至溶液冒泡为止，关闭旋塞。采样时，打开旋塞，被采空气即充入瓶内；关闭旋塞，则采样体积为真空采气瓶的容积。如果采气瓶内真空度达不到 1.33kPa，实际采样体积应根据剩余压力进行计算。

（二）富集（浓缩）采样法

空气中的污染物质浓度一般都比较低，直接采样法往往不能满足分析方法检测限的要求，故需要用富集采样法对空气中的污染物进行浓缩。富集采样时间一般比较长，测得结果代表采样时段的平均浓度，更能反映空气污染的真实情况。这类采样方法有溶液吸收法、固体阻留法、低温冷凝法扩散（或渗透）法及自然沉降法等。

1. 溶液吸收法

该方法是采集空气中气态、蒸气态及某些气溶胶态污染物质的常用方法。采样时，用抽气装置将欲测空气以一定流量抽入装有吸收液的吸收管（瓶）中。采样结束后，倒出吸收液进行测定，根据测得结果及采样体积计算空气中污染物的浓度。

溶液吸收法的吸收效率主要决定于吸收速度和样气与吸收液的接触面积。

欲提高吸收速度，必须根据被吸收污染物的性质选择效能好的吸收液。常用的吸收液有水、水溶液和有机溶剂等。按照它们的吸收原理可分为两种类型：一种是气体分子溶解于溶液中的物理作用，比如用水吸收空气中的氯化氢、甲醛，用 5% 的甲醇吸收有机农药，用 10% 的乙醇吸收硝基苯，等等。另一种吸收原理是基于发生化学反应。例如，用氢氧化钠溶液吸收空气中的硫化氢基于中和反应，用四氯汞钾溶液吸收 SO_2 基于络合反应，等等。理论和实践证明，伴有化学反应的吸收溶液的吸收速度比单靠溶解作用的吸收液吸收速度快得多。因此，除采集溶解度非常大的气态物质外，一般都选用伴有化学反应的吸收液。吸收液的选择原则是：

（1）与被采集的污染物质发生化学反应快或对其溶解度大。

（2）污染物质被吸收液吸收后，要有足够的稳定时间，以满足分析测定所需时间的要求。

（3）污染物质被吸收后，应有利于下一步分析测定，最好能直接用于测定。

（4）吸收液毒性小、价格低、易于购买，且尽可能回收利用。

增大被采气体与吸收液接触面积的有效措施是选用结构适宜的吸收管（瓶）。

①气泡吸收管。这种吸收管可装 5 ~ 10mL 吸收液，采样流量为 0.5 ~ 2.0L/min，适用于采集气态和蒸气态物质。对于气溶胶态物质，因不能像气态分子那样快速扩散到气液界面上，故吸收效率差。

②冲击式吸收管。这种吸收管有小型和大型两种规格，适宜采集气溶胶态物质。因为该吸收管的进气管喷嘴孔径小，距瓶底又很近，当被采气样快速从喷嘴喷出冲向管底时，则气溶胶颗粒因惯性作用冲击到管底被分散，从而易被吸收液吸收。冲击式吸收管不适合采集气态和蒸气态物质，因为气体分子的惯性小，在快速抽气情况下，容易随空气一起跑掉。

③多孔筛板吸收管（瓶）。这种吸收管可装 5 ~ 10mL 吸收液。吸收瓶有小型（装 10 ~ 30mL 吸收液，采样流量为 0.5 ~ 2.0L/min）和大型（装 50 ~ 100mL 吸收液，采样流量 30L/min）两种。气样通过吸收管（瓶）的筛板后，被分散成很小的气泡，且阻留时间长，大大增加了气液接触面积，从而提高了吸收效果。它们除适合采集气态和蒸气态物质外，也能采集气溶胶态物质。

2. 填充柱阻留法

填充柱是用一根长 6 ~ 10cm、内径 3 ~ 5mm 的玻璃管或塑料管，内装颗粒状或纤维状填充剂制成。采样时，让气样以一定流速通过填充柱，则欲测组分因吸附、溶解或化学反应等作用被阻留在填充剂上，达到浓缩采样的目的。采样后，通过解吸或溶剂洗脱，使被测组分从填充剂上释放出来进行测定。根据填充剂阻留作用的原理，可分为吸附型、分配型和反应型三种类型。

（1）吸附型填充柱。这种柱的填充剂是颗粒状固体吸附剂，如活性炭、硅胶、分子筛、高分子多孔微球等。它们都是多孔性物质，比表面积大，对气体和蒸气有较强的吸附能力。有两种表面吸附作用：一种是由于分子间引力引起的物理吸附，吸附力较弱；另一种是由于剩余价键力引起的化学吸附，吸附力较强。极性吸附剂，如硅胶等，对极性化合物有较强的吸附能力；非极性吸附剂，如活性炭等，对非极性化合物有较强的吸附能力。一般来说，吸附能力越强，采样效率越高，但这往往会给解吸带来困难。因此，在选择吸附剂时，既要考虑吸附效率，又要考虑易于解吸。

（2）分配型填充柱。这种填充柱的填充剂是表面涂高沸点有机溶剂（如异十三烷）的惰性多孔颗粒物（如硅藻土），类似于气液色谱柱中的固定相，只是有机溶剂的用量比色谱固定相大。当被采集气样通过填充柱时，在有机溶剂（固定液）中分配系数大的组分保留在填充剂上而被富集。例如，空气中的有机氯农药（如六六六、DDT等）和多氯联苯（如PCB）多以蒸气或气溶胶态存在，用溶液吸收法采样效率低，但用涂渍5%甘油的硅酸铝载体填充剂采样，采集效率可达90%～100%。

（3）反应型填充柱。这种柱的填充剂是由惰性多孔颗粒物（如石英砂、玻璃微球等）或纤维状物（如滤纸、玻璃棉等）表面涂渍能与被测组分发生化学反应的试剂制成。也可以用能和被测组分发生化学反应的纯金属（如Au、Ag、Cu等）丝毛或细粒做填充剂。气样通过填充柱时，被测组分在填充剂表面因发生化学反应而被阻留。采样后，将反应产物用适宜溶剂洗脱或加热吹气解吸下来进行分析。例如，空气中的微量氨可用装有涂渍硫酸的石英砂填充柱富集。采样后，用水洗脱下来测定。反应型填充柱采样量和采样速度都比较大，富集物稳定，对气态、蒸气态和气溶胶态物质都有较高的富集效率。

3. 滤料阻留法

该方法是：将过滤材料（滤纸、滤膜等）放在采样夹上，用抽气装置抽气，则空气中的颗粒物被阻留在过滤材料上。称量过滤材料上富集的颗粒物质量，根据采样体积，即可计算出空气中颗粒物的浓度。

滤料采集空气中气溶胶颗粒物基于直接阻截、惯性碰撞、扩散沉降、静电引力和重力沉降等作用。滤料的采集效率除与自身性质有关外，还与采样速度、颗粒物的大小等因素有关。低速采样，以扩散沉降为主，对细小颗粒物的采集效率高；高速采样，以惯性碰撞作用为主，对较大颗粒物的采集效率高。空气中的大、小颗粒物是同时并存的，当采样速度一定时，就可能使一部分粒径小的颗粒物采集效率偏低。此外，在采样过程中，还可能发生颗粒物从滤料上弹回或吹走的现象，特别是在采样速度大的情况下，颗粒大，质量重粒子易发生弹回现象；颗粒小的粒子易穿过滤料被吹走，这些情况都是造成采集效率偏低的原因。

常用的滤料有：纤维状滤料，如滤纸、玻璃纤维滤膜、过氯乙烯滤膜等；筛孔状滤料，如微孔滤膜、核孔滤膜、银薄膜等。滤纸的孔隙不规则且较少，适用于金属尘粒的采集。因滤纸吸水性较强，不宜用于重量法测定颗粒物浓度。玻璃纤维滤膜吸湿性小，耐高温，耐腐蚀，通气阻力小，采集效率高，常用于采集悬浮颗粒物；但其机械强度差，某些元素含量较高。聚氯乙烯或聚苯乙烯等合成纤维膜通气阻力小，并可用有机溶剂溶解成透明溶液，便于进行颗粒物分散度及颗粒物中化学组分的分析。微孔滤膜是由硝酸（或醋酸）纤维素制成的多孔性薄膜，孔径细小、均匀，重量轻，金属杂质含量极微，溶于多种有机溶剂，尤其适用于采集分析金属的气溶胶。核孔滤膜是将聚碳酸酯薄膜覆盖在铀箔上，用中子流轰击，使铀核分裂产生的碎片穿过薄膜形成微孔，再经化学腐蚀处理制成。这种膜薄而光滑，机械强度好，孔径均匀，不亲水，适用于精密的重量分析，但因微孔呈圆柱状，采样效率较微孔滤膜低。银薄膜由微细的银粒烧结制成，具有与微孔滤膜相似的结构，它能耐400℃高温，抗化学腐蚀性强，适用于采集酸、碱气溶胶及含煤焦油、沥青等挥发性有机物的气样。

4. 低温冷凝法

空气中某些沸点比较低的气态污染物质，如烯烃类、醛类等，在常温下用固体填充剂等方法富集效果不好，而低温冷凝法可提高采集效率。

低温冷凝采样法是将 U 形或蛇形采样管插入冷阱中，当空气流经采样管时，被测组分因冷凝而凝结在采样管底部。如用气相色谱法测定，可将采样管与仪器进气口连接，移去冷阱，在常温或加热情况下汽化，进入仪器测定。

第三节　颗粒物的监测

一、采样系统

采样系统由颗粒物切割器、滤膜、滤膜夹和颗粒物采样器组成，或者由滤膜、滤膜夹和具有符合切割特性要求的采样器组成。大气污染物监测中采样方式可分为连续采样和间断采样。间断采样是指在某一时段或 1h 内采集一个环境空气样品，监测该时段或该小时环境空气中污染物的平均浓度所采用的采样方法。对于颗粒物的监测，这两种采样方式中有关颗粒物采样的采样系统、采样前准备及采样方法相同。环境空气中颗粒物的测定主要采用重量法。

（1）颗粒物粒径切割器。对 TSP 采样，要求切割器的切割粒径 $Da_{50}=100\mu m$；对 PM_{10} 采样，要求切割器的切割粒径 $Da_{50}=10\mu m$；对 $PM_{2.5}$ 采样，要求切割器的切割粒径 $Da_{50}=2.5\mu m$。

（2）滤膜。根据样品采集目的可选用玻璃纤维滤膜、石英滤膜等无机滤膜或聚氯乙烯、聚丙烯、混合纤维素等有机滤膜。要求：所用滤膜对 $0.3\mu m$ 标准粒子的截留效率不低于 99%；在气流速度为 0.45m/s 时，单张滤膜的阻力不大于3.5kPa。在此气流速度下，抽取经高效过滤器净化的空气 5h，每平方厘米滤膜的失重不大于 0.012mg。

（3）滤膜夹。用于安放和固定采样滤膜。

（4）采样器。颗粒物采样器分为大流量采样器、中流量采样器和小流量采样器三种，大流量采样器量程为 $0.8 \sim 1.4m^3/min$；中流量采样器量程为 $60 \sim 125L/min$；小流量采样器量程为 $< 30L/min$。

（5）分析天平。感量 0.1mg 或 0.01mg。

（6）恒温恒湿箱（室）。箱（室）内空气温度在 $15 \sim 30℃$ 范围内可调，控制精度 $\pm1℃$。箱（室）内空气相对湿度应控制在 $50 \pm 5\%$。恒温恒湿箱（室）可连续工作。

（7）干燥器。内盛变色硅胶。

二、采样前准备

（一）采样器流量校准

1.孔口流量计

（1）从气压计、温度计分别读取环境大气压和环境温度。

（2）将采样器采样流量换算成标准状态下的流量。

（3）打开采样头的采样盖，按正常采样位置，放一张干净的采样滤膜，将大流量孔口流量计的孔口与采样头密封连接。孔口的取压口接好 U 形压差计。

（4）接通电源，开启采样器，待工作正常后，调节采样器流量，使孔口流量计压差值达到计算的数值。

2.A2 智能流量校准器

（1）从气压计、温度计分别读取环境大气压和环境温度。

（2）将智能孔口流量校准器接好电源，开机后进入设置菜单，输入环境温度和压力值（温度值单位是绝对温度，温度 = 环境温度 +273；大气压值单位为 kPa），确认后退出。

（3）选择合适流量范围的工作模式，距仪器开机超过 2min 后方可进入测量菜单。

（4）打开采样器的采样盖，按正常采样位置，放一张干净的采样滤膜，将智能流量校准器的孔口与采样头密封连接。待液晶屏右上角出现电池符号后，将仪器的"−"取压嘴和孔口取压嘴相连后，按测量键，液晶屏将显示工况瞬时流量和标况瞬时流量。显示 10 次后结束测量模式，仪器显示此段时间内的平均值。

（5）调整采样器流量至设定值。采用上述两种方法校准流量时，要确保气路密封连接。流量校准后，如发现滤膜上尘的边缘轮廓不清晰或滤膜安装歪斜等情况，表明可能造成漏气，应重新进行校准。校准合格的采样器，即可用于采样，不得再改动调节器状态。

（二）滤膜处理

将滤膜放在恒温恒湿箱（室）中平衡 24h。平衡条件为：温度取 15 ~ 30℃ 中任何一点，相对湿度控制在 45% ~ 55% 范围内，记录平衡温度与湿度。在上述平衡条件下，用感量为 0.1mg 或 0.01mg 的分析天平称量滤膜，记录滤膜质量。同一滤膜在恒温恒湿箱（室）中相同条件下再平衡 1h 后称重。

三、样品采集

（1）采样时，采样器入口距离地面高度不得低于 1.5m。采样不宜在风速大于 8m/s 等天气条件下进行。采样点应避开污染源及障碍物。如果测定交通枢纽处 PM_{10} 和 $PM_{2.5}$ 采样点应布设在距人行道边缘外侧 1m 处。

（2）打开采样头顶盖，取出滤膜夹，用清洁干布擦掉采样头内滤膜夹及滤膜支持网表面上的灰尘，将已称重的采样滤膜毛面向上，平放在滤膜支持网上。同时核查滤膜编号，放上滤膜夹，拧紧螺丝，以不漏气为宜，安好采样头顶盖。启动采样器进行采样。记录采样流量、开始采样时间、温度和压力等参数。

（3）采样结束后，取下滤膜夹，用镊子轻轻夹住滤膜边缘，取下样品滤膜，并检查在采样过程中滤膜是否有破裂现象，或滤膜上尘的边缘轮廓不清晰的现象。若有，则该样品膜作废，需重新采样。确认无破裂后，将滤膜的采样面向里对折两次放入与样品膜编号相同的滤膜袋（盒）中。记录采样结束时间、采样流量、温度和压力等参数。

四、样品保存

滤膜采集后，如不能立即称重，应在 4℃ 条件下冷藏保存。

五、质量控制和质量保证

（1）采样器每次使用前需进行流量校准。

（2）滤膜使用前均需进行检查，不得有针孔或任何缺陷。滤膜称量时要消除静电的影响。

（3）取清洁滤膜若干张，在恒温恒湿箱（室），按平衡条件平衡 24h，称重。每张滤膜连续称量 10 次以上，求每张滤膜的平均值为该张滤膜的原始质量。以上述滤膜作为"标准滤膜"。每次称滤膜的同时，称量两张"标准滤膜"。若标准滤膜称出的质量在原始质量 ±5mg（大流量）、±0.5mg（中流量和小流量）范围内，则认为该批样品滤膜称量合格，数据可用；否则，应检查称量条件是否符合要求并重新称量该批样品滤膜。

（4）要经常检查采样头是否漏气。当滤膜安放正确，采样系统无漏气时，采样后滤膜上颗粒物与四周白边之间界限应清晰；如出现界限模糊时，则表示应更换滤膜密封垫。

（5）对电机有电刷的采样器，应尽可能在电机由于电刷原因停止工作前更换电刷，以免使采样失败。更换时间视以往情况确定。更换电刷后要重新校准流量。新更换电刷的采样器在负载条件下运转 1h，待电刷与转子的整流子良好接触后，再进行流量校准。

（6）当颗粒物含量很低时，采样时间不能过短。

（7）采样前后，滤膜称量应使用同一台分析天平。

六、大气颗粒物来源解析技术方法

大气颗粒物来源解析技术方法主要包括源清单法、源模型法和受体模型法。

（一）源清单技术方法

1.颗粒物排放源分类

应按照环境管理需求对颗粒物排放源进行分类。一般可将颗粒物排放源分为固定燃烧源、生物质开放燃烧源、工业工艺过程源、移动源。其中，固定燃烧源包括电力、工业和民用等，以及煤炭、柴油、煤油、燃料油、液化石油气、煤气、天然气等燃料类型。工业工艺过程源包括冶金、建材、化工等行业。

2.颗粒物排放源清单的建立

调查各类颗粒物源的排放特征（包括位置、排放高度、燃料消耗、工况、控制措施等），根据排放因子和活动水平确定颗粒物排放源的排放量，建立颗粒物排放源清单。

3.定性或半定量识别主要颗粒物排放源

根据颗粒物源排放清单，统计颗粒物排放总量及各区域各行业、各类颗粒物排放量，计算重点排放区域、重点排放源对当地颗粒物排放总量的分担率。

（二）源模型技术方法

利用源模型进行来源解析，应根据模式的适用范围、对模型参数的要求及环境管理的需求进行合理选择。建议依据拟进行源解析的地域范围选择适合的空气质量模型；小尺度采用简易模型，城市和区域尺度采用复杂模型。

（三）受体模型技术方法

受体模型主要包括化学质量平衡模型和因子分析类模型。国内外广泛应用的是化学质量平衡模型和因子分析类模型。

1.化学质量平衡模型

化学质量平衡模型不依赖详细的排放源强信息和气象资料，能够定量解析难以确定的源类，比如扬尘源类的贡献，解析结果具有明确的物理意义。

（1）颗粒物源类调查、识别及主要排放源类的确定。调查固定源、移动源、开放源、餐饮油烟源、生物质燃烧源以及二次粒子的前体物排放源等，建立颗粒物污染源类排放基础数据库，识别颗粒物污染的主要排放源类，确定需要采集和分析的源类样品种类、点位和数量。

（2）颗粒物源类和受体样品的采集及化学分析

①颗粒物源样品采集

采集固定源、移动源、开放源、餐饮源与生物质燃烧源等源类样品，其中具有明显地域特点的颗粒物源类（扬尘源、土壤尘源、当地特殊行业源等）必须采集，其他源类可根据各地实际情况确定是否采集或应用已有颗粒物源谱。

所采集样品的种类和数量能代表研究区域污染源排放的时空分布特征。扬尘采样布点结合受体采样点的空间分布，每个受体采样点周边采集不少于 3 个样品；土壤尘采样根据城市建成区及周边 10km 范围内裸土类型的分布布点，一般不少于 10 个样品；燃煤尘的采集应涵盖研究区域内不同燃烧方式、不同除尘方式、不同煤质等的燃煤源，每种不同方式不少于 3 个样品；其他源类每类不少于 5 个样品。

采集的颗粒物样品应能够反映由源向环境受体排放时的物理过程，能够与环境受体颗粒物的特定粒径段相匹配。

源样品采样方法主要包括：

a. 开放源再悬浮采样法。对于土壤尘、城市扬尘等开放源类，可利用再悬浮采样器进行特定粒径源样品的采集。

b. 固定源稀释通道采样法。对于固定燃煤源燃烧产生的颗粒物推荐采用烟道气稀释通道进行采样。

c. 移动源采样法。对于机动车源样品可通过隧道采样。在足够长的交通隧道（不少于 1000m）内，在隧道中段位置设置大气颗粒物采样器，使用与受体采样相同的方式进行滤膜采样；或选取具有代表性的车型（包括汽油车、柴油车、各类非道路移动源等），使用随车采样器、稀释采样器或通过台架实验对机动车排放的样品进行采集。

d. 生物质燃烧源采样法。在实验室的模拟环境中进行燃烧，使用大气颗粒物采样器获取生物质燃烧源样品；或在露天环境中进行燃烧，在下风向采集颗粒物样品；同时在上风向采集环境对照样品。

e. 餐饮源采样法。根据餐饮源排烟口情况，因地制宜地参照固定源的采样方法采集。

②环境受体中颗粒物样品的采集。优先选择若干国家环境空气质量监测点；同时综合考虑功能分布、人口密度、环境敏感程度等因素，适当增加受体采样点位。受体采样时间与频次依据颗粒物浓度、排放源的季节性变化特征及气象因素确定，典型污染过程加密采样频次。样品采集的数量要符合受体模型的要求。

单日累积采样时间要满足样品分析检出限要求，且避免滤膜负荷过载，一般为 24h；污染较重时可将每日采样时间分为两段，每段 12h。

使用进行颗粒物样品的采集，也可根据源解析工作的具体需要选择适当的采样仪器。根据滤膜本身特性和后续化学分析的需要确定采样滤膜。分析无机元素采用有机滤膜，如聚四氟乙烯、聚丙烯、醋酸纤维酯等；分析碳组分（有机碳、元素碳）和有机物（如多环芳烃、烷烃等）采用石英滤膜；分析水溶性离子采用聚四氟乙烯或石英滤膜等。

（3）颗粒物源类和受体化学成分谱的构建。各地应逐步建立颗粒物源类成分谱。使用颗粒物排放量加权平均或算数平均的方法构建颗粒物源类成分谱，包括各成分的含量及标准偏差等信息。

对于硫酸盐和硝酸盐等通过化学转化而来的二次源类，使用纯硫酸铵和纯硝酸铵的化学组成来代替其源成分谱，偏差取 10% 左右；使用最小比值扣除法或其他方法确定二次有机物的浓度。

颗粒物受体化学组成通过算数平均法构建，给出各化学组成的质量浓度及标准偏差等信息。

2. 正定矩阵因子分解（PMF）模型

PMF 模型法根据长时间序列的受体化学组分数据集进行源解析，不需要源类样品采集，提取的因子是数学意义的指标，需要通过源类特征的化学组成信息进一步识别实际的颗粒物源类。

（1）颗粒物受体样品的采集及化学分析。PMF 模型法颗粒物受体样品的采集及分析过程的要求与 CMB 模型源解析技术基本相同。重要区别在于，PMF 模型法中受体样品应在同一点位进行采集，有效受体样品量不少于 80 个。

（2）PMF 模型法软件。可选用的模型有 PMF3.0 软件等。所有有效分析的化学成分，要纳入模型进行拟合；低于分析方法检出限的化学成分，采用 1/2 检出限作为输入参数。根据模型要求的诊断指标，确定因子数目、旋转程度等参数。

对于扬尘污染问题突出的城市，可采用因子分析、CMB复合受体模型技术解析扬尘、土壤尘和煤烟尘等共线性源类的贡献。

3.源模型与受体模型联用法

对复合污染特征较为明显的城市或区域，可使用源模型与受体模型联用法对颗粒物来源进行详细解析。

使用受体模型计算各源类对受体的贡献值与分担率，利用源模型模拟计算各污染源排放气态前体物的环境浓度分担率，解析二次粒子的来源。对于受体模型解析结果，使用源模型进一步解析具有可靠排放源清单的点源贡献。

针对重污染过程，应基于在线高时间分辨率的监测和模拟技术，发展快速源识别和解析方法。

第四节　气态污染物的监测

一、连续采样

（一）采样亭

采样亭是安放采样系统各组件，便于采样的固定场所。采样亭面积及其空间大小应视合理安放采样装置、便于采样操作而定。一般面积应不小于 $5m^2$，采样亭墙体应具有良好的保温和防火性能，室内温度应维持在 $25 \pm 5℃$。

（二）采样系统

气态污染物采样系统由采样头、采样总管、采样支管、引风机、气体样品吸收装置及采样器等组成。

（1）采样头。采样头为一个能防雨、雪、防尘及其他异物（如昆虫）的防护罩，其材料可用不锈钢或聚四氟乙烯。采样头、进气口距采样亭顶盖上部的距离应为 1 ～ 2m。

（2）采样总管。通过采样总管将环境空气垂直引入采样亭内，采样总管内径为 30 ～ 150mm，内壁应光滑。采样总管气样入口处到采样支管气样入口处之间的长度不得超过 3m，其材料可用不锈钢、玻璃或聚四氟乙烯等。为防止气样中的湿气在采样总管中产生凝结，可对采样总管采取加热保温措施，加热温度应在环境空气露点以上，一般在 40℃左右。在采样总管上，SO_2 进气口应先于 NO_2 进气口。

（3）采样支管。通过采样支管将采样总管中气样引入气样吸收装置。采样支管内径一般为 4 ～ 8mm，内壁应光滑，采样支管的长度应尽可能短，一般不超过 0.5m。采样支管的进气口应置于采样总管中心和采样总管气流层流区内。采样支管材料应选用聚四氟乙烯或不与被测污染物发生化学反应的材料。采样支管与采样总管、采样支管与气样吸收装置之间的连接处不得漏气，一般应采用内插外套或外插内套的方法连接。

（4）引风机。引风机是用于将环境空气引入采样总管内，同时将采样后的气体排出采样亭外的动力装置，安装于采样总管的末端。采样总管内样气流量应为采样亭内各采样装置所需采样流量总和的 5 ～ 10 倍。采样总管进气口到出气口气流的压力降要小，以保证气样的压力接近于环境空气大气压。

（5）气样吸收装置。气样吸收装置为多孔玻璃筛板吸收瓶（管）。在规定采样流量下，装有吸收液的吸收瓶的阻力应为 6.7±0.7kPa，吸收瓶玻板的气泡应分布均匀。

（6）采样器。采样器应具有恒温、恒流控制装置（临界限流孔）和流量、压力及温度指示仪表，采样器应具备定时、自动启动及计时的功能，采样泵的带载负压应大于 70kPa。采样流量应设定在 0.20±0.02L/min，流量计及临界限流孔的精度应不低于 2.5 级，当电压波动在 10% ～ 15% 范围内时流量波动应不大于 5%。临界限流孔加热槽内温度应恒定，且在 24h 连续采样条件下保持稳定。进行 SO_2 及 NO_2 采样时，SO_2 和 NO_2 吸收瓶在加热槽内最佳温度分别为 23 ～ 29℃及 16 ～ 24℃，且在采样过程中保持恒定。要求计时器在 24h 内的时间误差应小于 5min。

（三）采样前准备

（1）采样总管和采样支管清洗。应定期清洗，周期视当地空气湿度污染状况确定。

（2）气密性检查。连接采样系统各装置，确认采样系统连接正确后，进行采样系统的气密性检查。

（3）采样流量检查。用经过检定合格的流量计校验采样系统的采样流量，每月至少1次，每月流量误差应小于5%；若误差超过此值，应清洗限流孔或更换新的限流孔。限流孔清洗或更换后，应对其进行流量校准。

（4）温度控制系统及时间控制系统检查。检查吸收瓶温控槽及临界限流孔、温控槽的温度指示是否符合要求；检查计时器的计时误差是否超出误差范围。

（四）样品采集

（1）将装有吸收液的吸收瓶（内装50.0mL吸收液）连接到采样系统中。启动采样器，进行采样。记录采样流量、开始采样时间、温度和压力等参数。

（2）采样结束后，取下样品，并将吸收瓶进、出口密封，记录采样结束时间、采样流量、温度和压力等参数。

（五）样品的分析

和水质监测一样，为获得准确和具有可比性的监测结果，应采用规范化的监测方法。目前，监测空气污染物应用最多的方法还属分光光度法和气相色谱法，其次是荧光光度法、液相色谱法、原子吸收法等。但是，随着分析技术的发展，对一些含量低、难分离，危害大的有机污染物，越来越多地采用仪器联用方法进行测定。

（六）质量控制和质量保证

（1）采样总管及采样支管应定期清洗，干燥后方可使用。采样总管至少每6个月清洗1次；采样支管至少每月清洗1次。

（2）吸收瓶阻力测定应每月1次。当测定值与上次测定结果之差大于0.3kPa时，应做吸收效率测试，吸收效率应大于95%。不符合要求者，不能继续使用。

（3）采样系统不得有漏气现象，每次采样前应进行采样系统的气密性检查。确认不漏气后，方可采样。

（4）临界限流孔的流量应定期校准，每月 1 次，其误差应小于 5%；否则，应进行清洗或更换新的临界限流孔。清洗或更换新的临界限流孔后，应重新校准其流量。

（5）使用临界限流孔控制采样流量时，采样泵的有载负压应大于 70kPa，且 24h 连续采样时，流量波动应不大于 5%。

二、间断采样

（一）采样系统组成

间断采样的采样系统由气样捕集装置、滤水井和气体采样器组成。

（1）气样捕集装置。根据环境空气中气态污染物的理化特性及其监测分析方法的检测限，可采用相应气样捕集装置。通常采用气样捕集装置包括装有吸收液的多孔玻璃筛板吸收瓶（管）、气泡式吸收瓶（管）、冲击式吸收瓶、装有吸附剂的采样支管、聚乙烯或铝箔袋、采气瓶、低温冷缩管及注射器等。当多孔玻板吸收瓶装有 10mL 吸收液，采样流量为 0.5L/min 时，阻力应为 4.7 ± 0.7kPa，且采样时多孔玻板上的气泡应分布均匀。

（2）采样器。采样器由流量计、流量调节阀、稳流器、计时器及采样泵等装置组成。采样流量范围为 0.10 ～ 1.00L/min，流量计应不低于 2.5 级。

（二）采样前准备

（1）根据所监测项目及采样时间，准备待用的气样捕集装置或采样器。

（2）按要求连接采样系统，并检查连接是否正确。

（3）气密性检查。检查采样系统是否有漏气现象。若有，应及时排除或更换新的装置。

（4）采样流量校准。启动抽气泵，将采样器流量计的指示流量调节至所需采样流量。用经检定合格的标准流量计对采样器流量计进行校准。

（三）样品采集

（1）将气样捕集装置串联到采样系统中，核对样品编号，并将采样流量调至所需的采样流量，开始采样。记录采样流量、开始采样时间、气样温度、压力等参数。气样温度和压力可分别用温度计和气压表进行同步现场测量。

（2）采样结束后，取下样品，将气体捕集装置进、出气口密封，记录采样流量、采样结束时间、气样温度、压力等参数。按相应项目的标准监测分析方法要求运送和保存待测样品。

（四）质量控制和质量保证

（1）每次采样前，应对采样系统的气密性进行认真检查。确认无漏气现象后，方可进行采样。

（2）应使用经计量检定单位检定合格的采样器。使用前必须经过流量校准，流量误差应不大于 5%；采样时流量应稳定。

（3）使用气袋或真空瓶采样时，使用前气袋和真空瓶应用气样重复洗涤 3次；采样后，旋塞应拧紧，以防漏气。

（4）使用吸附采样管采样时，采样前应做气样中污染物穿透试验，以保证吸收效率或避免样品损失。

第五节　气态污染物的测定方法

一、二氧化硫的测定

SO$_2$ 是主要空气污染物之一，为例行监测的必测项目。它源于煤和石油等燃料的燃烧、含硫矿石的冶炼、硫酸等化工产品生产排放的废气。SO$_2$ 是一种无色、易溶于水、有刺激性气味的气体，能通过呼吸进入气管，对局部组织产生刺激和腐蚀作用，是诱发支气管炎等疾病的原因之一；特别是当它与烟尘等气溶胶共存时，可加重对呼吸道黏膜的损害。

测定空气中 SO_2 常用的方法有分光光度法紫外荧光法、电导法定电位电解法和气相色谱法。其中，紫外荧光法和电导法主要用于自动监测。

（一）四氯汞钾溶液吸收—盐酸副玫瑰苯胺分光光度法

该方法是国内外广泛采用的测定环境空气中 SO_2 的标准方法，具有灵敏度高、选择性好等优点，但吸收液毒性较大。

1. 测定要点

有两种操作方法。方法一，所用盐酸副玫瑰苯胺显色溶液含磷酸量较方法二少，最终显色溶液 pH=1.6+0.1，呈红紫色，最大吸收波长在 548nm 处，试剂空白值较高，最低检出限为 0.75μg/25mL；当采样体积为 30L 时，最低检出浓度为 0.025mg/m³。方法二，最终显色溶液 pH=1.2+0.1，呈蓝紫色，最大吸收波长在 575nm 处，试剂空白值较低，最低检出限为 0.40μg/7.5mL；当采样体积为 10L 时，最低检出浓度为 0.04mg/m³，灵敏度略低于方法一。

测定时，首先，配制好所需试剂，用空气采样器采样；其次，按照方法一或方法二要求的条件，用亚硫酸钠标准溶液配制标准色列、试剂空白溶液，并将样品吸收液显色、定容；最后，在最大吸收波长处以蒸馏水作参比，用分光光度计测定标准色列、试剂空白和样品试液的吸光度，以标准色列 SO_2 含量为横坐标，相应吸光度为纵坐标，绘制标准曲线。

2. 注意事项

（1）温度、酸度、显色时间等因素影响显色反应；标准溶液和试样溶液操作条件应保持一致。

（2）氮氧化物、臭氧及锰、铁、铬等离子对测定有干扰。采样后放置片刻，臭氧可自行分解；加入磷酸和乙二胺四乙酸二钠盐可消除或减小某些金属离子的干扰。

（二）甲醛缓冲溶液吸收—盐酸副玫瑰苯胺分光光度法

用甲醛缓冲溶液吸收—盐酸副玫瑰苯胺分光光度法测定 SO_2，避免了使用毒性大的四氯汞钾吸收液，在灵敏度、准确度诸方面均可与四氯汞钾溶液吸收法相媲美，且样品采集后相当稳定，但操作条件要求较严格。该方法原理是：气样中的 SO_2 被甲醛缓冲溶液吸收后，生成稳定的羟基甲基磺酸加成化合物，加入氢氧化钠溶液使加成化合物分解，释放出 SO_2 与盐酸副玫瑰苯胺反应，生成紫红色络合物，其最大吸收波长为 577nm，用分光光度法测定。当用 10mL 吸收液采气 10L 时，最低检出浓度为 0.020mg/m³。

（三）钍试剂分光光度法

该方法也是国际标准化组织（ISO）推荐的测定 SO_2 标准方法。它所用吸收液无毒，采集样品后稳定，但灵敏度较低，所需气样体积大，适合于测定 SO_2 日平均浓度。

测定原理是：空气中 SO_2 用过氧化氢溶液吸收并氧化成硫酸。硫酸根离子与定量加入的过量高氯酸钡反应，生成硫酸钡沉淀，剩余钡离子与钍试剂作用生成紫红色的钍试剂——钡络合物，据其颜色深浅，间接进行定量测定。有色络合物最大吸收波长为 520nm。当用 50mL 吸收液采气 2m³ 时，最低检出浓度为 0.01mg/m³。

二、氮氧化物的测定

空气中的氮氧化物以一氧化氮、二氧化氮、三氧化二氮、四氧化二氮、五氧化二氮等多种形态存在，其中二氧化氮和一氧化氮是主要存在形态，为通常所指的氮氧化物（NO_x）。它们主要源于石化燃料高温燃烧和硝酸、化肥等生产排放的废气以及汽车排气。

NO 为无色、无臭、微溶于水的气体，在空气中易被氧化成 NO_2。NO_2 为棕红色具有强刺激性臭味的气体，毒性比 NO 高 4 倍，是引起支气管炎、肺损害等疾病的有害物质。空气中 NO、NO_2 常用的测定方法有盐酸萘乙二胺分光光度法、化学发光法、原电池库仑法及定电位电解法。

盐酸萘乙二胺分光光度法采样与显色同时进行，操作简便，灵敏度高，是国内外普遍采用的方法。因为测定 NO_x 或单独测定 NO 时，需要将 NO 氧化成 NO_2，故而依据所用氧化剂不同，分为高锰酸钾氧化法和三氧化铬—石英砂氧化法。两种方法显色、定量测定原理是相同的。

当吸收液体积为 10mL，采样 4 ~ 24L 时，NO_x（以 NO_2 计）的最低检出浓度为 0.005mg/m²。

（一）酸性高锰酸钾溶液氧化法

如果测定空气中 NO_x 的短时间浓度，则使用少量吸收液，以 0.4L/min 流量采气 4 ~ 24L；如果测定 NO_x 的日平均浓度，在使用较大量吸收液，以 0.2L/min 流量采气 288L。流程中将内装酸性高锰酸钾溶液的氧化瓶串联在两支内装显色吸收液的多孔筛板吸收瓶之间，可分别测定 NO_2 和 NO 的浓度。

测定时，首先配制亚硝酸盐标准溶液色列和试剂空白溶液，在波长 540nm 处，以蒸馏水为参比测量吸光度。根据标准色列扣除试剂空白后的吸光度和对应的 NO_2 浓度（μg/mL），用最小二乘法计算标准曲线的回归方程。

（二）三氧化铬—石英砂氧化法

该方法是在显色吸收液瓶前接一内装三氧化铬—石英砂（氧化剂）管，当用空气采样器采样时，气样中的 NO 在氧化管内被氧化成 NO_2 和气样中的 NO_2 一起进入进行定量测定，其测定结果为空气中 NO 和 NO_2 的总浓度。也可以用酸性高锰酸钾溶液氧化法中的计算式计算出空气中 NO_x 浓度。

（三）注意事项

（1）吸收液应为无色，宜密闭避光保存；如显微红色，说明已被污染，应检查试剂和蒸馏水的质量。

（2）三氧化铬—石英砂氧化管适于相对湿度 30% ~ 70% 条件下使用，发现吸湿板结或变成绿色应立即更换。

（3）空气中 O_3 浓度超过 0.250mg/m³ 时，会产生正干扰；采样时在吸收瓶入口端串接一段 15 ~ 20cm 长的硅橡胶管，可排除干扰。

三、一氧化碳的测定

一氧化碳（CO）是空气中主要的污染物之一，它主要来自石油、煤炭燃烧不充分的产物和汽车排气；一些自然灾害，如火山爆发、森林火灾等，也是来源之一。

CO 是一种无色、无味的有毒气体，燃烧时呈淡蓝色火焰。它容易与人体血液中的血红蛋白结合，形成碳氧血红蛋白，使血液输送氧的能力降低，造成缺氧症。中毒较轻时，会出现头痛、疲倦、恶心、头晕等感觉；中毒严重时，则会发生心悸亢进、昏睡、窒息而造成死亡。测定空气中 CO 的方法有非分散红外吸收法、气相色谱法、定电位电解法、汞置换法等。其中，非分散红外吸收法常用于自动监测。

（一）非分散红外吸收法

1. 原理

一氧化碳对以 4.5μm 为中心波段的红外辐射具有选择性吸收。在一定的浓度范围内，其吸光度与一氧化碳浓度呈线性关系，故而根据气样的吸光度可确定一氧化碳的浓度。

水蒸气、悬浮颗粒物干扰一氧化碳的测定。测定时，气样需经硅胶、无水氯化钙过滤管除去水蒸气，经玻璃纤维滤膜除去颗粒物。

2. 仪器

（1）非色散红外一氧化碳分析仪。

（2）记录仪：0 ~ 10mV。

（3）聚乙烯塑料采气袋、铝箔采气袋或衬铝塑料采气袋。

（4）弹簧夹。

（5）双联球。

3. 试剂

（1）高纯氮气：99.99%。

（2）变色硅胶。

（3）无水氯化钙。

（4）霍加拉特管。

（5）一氧化碳标准气。

4. 采样

用双联球将现场空气抽入采气袋内，洗 3 ~ 4 次，采气 500mL，夹紧进气口。

5. 测定步骤

（1）启动和调零。开启电源开关，稳定 1 ~ 2h，将高纯氮气连接在仪器进气口，通入氮气校准仪器零点。也可以用经霍加拉特管（加热至 90 ~ 100℃）

净化后的空气调零。

（2）校准仪器。将一氧化碳标准气连接在仪器进气口，使仪表指针指示满刻度的95%。重复2～3次。

（3）样品测定。将采气袋连接在仪器进气口，则样气被抽入仪器中，由指示表直接指示出一氧化碳的浓度（ppm）。

6.注意事项

（1）仪器启动后，必须预热，稳定一定时间后再进行测定。仪器具体操作按仪器说明书规定进行。

（2）空气样品应经硅胶干燥，玻璃纤维滤膜过滤后再进入仪器，以消除水蒸气和颗粒物的干扰。

（3）仪器接上记录仪，将空气连续抽入仪器，可连续监测空气中一氧化碳浓度的变化。

（二）气相色谱法（GC）

用该方法测定空气中 CO 的原理基于空气中的 CO、CO_2 和甲烷经 TDX-01 碳分子筛柱分离后，于氢气流中在镍催化剂（$360 \pm 10℃$）作用下，CO、CO_2 皆能转化为 CH_4，然后用氢火焰离子化检测器分别测定上述三种物质，其出峰顺序为 CO、CH_4、CO_2。

四、光化学氧化剂的测定

总氧化剂是空气中除氧以外的那些显示有氧化性质的物质，一般指能氧化碘化钾析出碘的物质，主要有臭氧、过氧乙酰硝酸酯、氮氧化物等。光化学氧化剂是指除去氮氧化物以外的能氧化碘化钾的物质，二者的关系为：光化学氧化剂 = 总氧化剂 $-0.269 \times$ 氮氧化物。0.269 为 NO_2 的校正系数，即在采样后 4～6h 内，有 26.9% 的 NO_2 与碘化钾反应。因为采样时在吸收管前安装了三氧化铬—石英砂氧化管，将 NO 等低价氮氧化物氧化成 NO_2，所以式中使用空气中 NO 总浓度。测定空气中光化学氧化剂常用硼酸—碘化钾分光光度法，其原理基于：用硼酸—碘化钾吸收液吸收空气中的臭氧及其他氧化剂，碘离子被氧化析出碘分子的量与臭氧等氧化剂有定量关系，于 352nm 处测定游离碘的吸光度，与标准色列吸光度比较，可得总氧化剂浓度，扣除 NO_x 参加反应的部分后，即为光化学氧化剂的浓度。

实际测定时，以硫酸酸化的碘酸钾（准确称量）- 碘化钾溶液做 O_3 标准溶液（以 O_3 计）配制标准系列，在 352nm 波长处以蒸馏水为参比测其吸光度，以吸光度对相应的 O_3 浓度绘制标准曲线，或者用最小二乘法建立标准曲线的回归方程式。

五、臭氧的测定

臭氧（O_3）是强氧化剂之一，它是空气中的氧在太阳紫外线的照射下或受雷击形成的。臭氧具有强烈的刺激性，在紫外线的作用下，参与烃类和 NO_x 的光化学反应。同时，臭氧又是高空大气的正常组分，能强烈吸收紫外光，保护人和生物免受太阳紫外光的辐射。但是，O_3 超过一定浓度，对人体和某些植物生长会产生一定危害。近地面层空气中可测到 0.04 ～ 0.1mg/m³ 的 O_3。

目前，测定空气中 O_3 广泛采用的方法有硼酸碘化钾分光光度法、靛蓝二磺酸钠分光光度法、化学发光法和紫外线吸收法。其中，化学发光法和紫外线吸收法多用于自动监测。

（一）硼酸碘化钾分光光度法

该方法为用含有硫代硫酸钠的硼酸碘化钾溶液做吸收液采样，空气中的 O_3 等氧化剂氧化碘离子为碘分子，而碘分子又立即被硫代硫酸钠还原，剩余硫代硫酸钠加入过量碘标准溶液氧化，剩余碘于 352nm 处以水为参比测定吸光度。同时采集零气（除去 O_3 的空气），并准确加入与采集空气样品相同量的碘标准溶液，氧化剩余的硫代硫酸钠，于 352nm 测定剩余碘的吸光度，则气样中剩余碘的吸光度减去零气样剩余碘的吸光度即为气样中 O_3 氧化碘化钾生成碘的吸光度。

SO_2、H_2S 等还原性气体干扰测定，采样时应串接三氧化铬管消除。在氧化管和吸收管之间串联 O_3 过滤器（装有粉状二氧化锰与玻璃纤维滤膜碎片的均匀混合物）同步采集空气样品即为零气样品。采样效率受温度影响。实验表明，25℃时采样效率可达 100%，30℃达 96.8%。还应注意，样品吸收液和试剂溶液都应放在暗处保存。本方法检出限和最低检测浓度同总氧化剂的测定方法。

（二）靛蓝二磺酸钠分光光度法

用含有靛蓝二磺酸钠的磷酸盐缓冲溶液做吸收液采集空气样品，则空气中的 O_3 与蓝色的靛蓝二磺酸钠发生等摩尔反应，生成靛红二磺酸钠，使之褪色，于610nm 波长处测其吸光度，用标准曲线法定量。

六、氟化物的测定

空气中的气态氟化物主要是氟化氢，也可能有少量氟化硅和氟化碳。含氟粉尘主要是冰晶石、萤石、氟化铝、氟化钠及磷灰石等。氟化物污染主要源于铝厂、冰晶石和磷肥厂，以及用硫酸处理萤石及制造和使用氟化物、氟氢酸等部门排放或逸散的气体和粉尘。氟化物属高毒类物质，由呼吸道进入人体，会引起黏膜刺激、中毒等症状，并能影响各组织和器官的正常生理功能；对于植物的生长也会产生危害。因此，人们已利用某些敏感植物监测空气中的氟化物。

测定空气中氟化物的方法有分光光度法、离子选择电极法等。离子选择电极法具有简便、准确、灵敏和选择性好等优点，是目前广泛采用的方法。

（一）滤膜采样——离子选择电极法

用在滤膜夹中装有磷酸氢二钾溶液浸渍的玻璃纤维滤膜或碳酸氢钠—甘油溶液浸渍的玻璃纤维滤膜的采样器采样，则空气中的气态氟化物被吸收固定，尘态氟化物同时被阻留在滤膜上。采样后的滤膜用水或酸浸取后，用氟离子选择电极法测定。

如需要分别测定气态、尘态氟化物时，第一层采样膜用孔径 0.8μm 经柠檬酸溶液浸渍的纤维素酯微孔膜先阻留尘态氟化物，第二、三层用磷酸氢二钾浸渍过的玻璃纤维滤膜采集气态氟化物。用水浸取滤膜，测定水溶性氟化物；用盐酸溶液浸取，测定酸溶性氟化物；用水蒸气热解法处理采样膜，可测定总氟化物。采样滤膜均应分张测定。

（二）石灰滤纸采样——氟离子选择电极法

用浸渍氢氧化钙溶液的滤纸采样，则空气中的氟化物与氢氧化钙反应而被固定。用总离子强度调节剂浸取后，以离子选择电极法测定。

该方法将浸渍吸收液的滤纸自然暴露于空气中采样，对比前一种方法，不需要抽气动力；并且由于采样时间长（七天到一个月），测定结果能较好地反映空气中氟化物平均污染水平。

第六节　大气环境污染源监测

一、固定污染源

（一）监测目的

检查污染源排放的废气中有害物质的浓度是否符合排放标准的要求；评价废气净化装置的性能和运行情况，以了解所采取的污染防治措施效果如何；为空气质量管理与评价提供依据。

（二）监测要求

监测时，生产设备必须处于正常运转状态；对于随生产过程的不同废气排放情况不同的污染源，应根据生产过程的变化特点和周期进行系统监测；测定工业锅炉烟尘浓度时，锅炉应在稳定的负荷下运转，工作负荷不能低于额定负荷的75%。对于人工烧炉，测定时间不得少于两个加煤周期。

（三）采样点的布设

由于烟道内同一断面上各点的气流速度和烟尘浓度分布通常是不均匀的，因此应按照一定原则进行多点采样。采样点的数目主要根据烟道断面的形状、大小和气流流速等情况确定。

1.采样位置

（1）采样位置应选在气流分布均匀的平直管道，优先选择在垂直管段，应避开弯头、变径管、阀门等易产生涡流的阻力构件，还应特别注意要避开危险位置。距弯头、阀门、变径管下游方向大于 6 倍直径处，或在其上游方向大于 3 倍直径处。

（2）现场条件难以满足上述要求时，采样断面距弯头等的距离至少是烟道直径的 1.5 倍，并应适当增加测点的数量且采样断面的气流最好在 5m/s 以上。

（3）对于气态污染物，其采样位置不受上述规定限制，但应避开涡流区。若同时测定排气流量，仍按第（1）条选取。

（4）应考虑操作点的方便安全，必要时应设置采样平台。

2. 样点数目

（1）圆形烟道：在选定的采样断面上设两个相互垂直的采样孔，将烟道断面分成一定数量的同心等面积圆环，沿着两个采样孔中心线设四个采样点。若采样断面上气流流速较均匀，可设一个采样孔，采样点数减半。当烟道直径小于 0.3m，且气流流速均匀时，可在烟道中心设一个采样点。当水平烟道内积灰时，应尽可能清除积灰，原则上应将积灰部分的面积从断面内扣除，按有效断面布设采样点。

（2）矩形烟道。将烟道断面分成适当数量的等面积小块，各块中心即为采样点位置。

（四）排气参数的测定

1. 排气温度的测定

对于直径小、温度不高的烟道，可使用长杆水银温度计。测量时应将温度计球部放在靠近烟道中心的位置，读数时不要将温度计抽出烟道。

对于直径大、温度高的烟道，采用热电偶温度计测量。测量原理是：将两根不同的金属导线连成闭合回路，当两接点处于不同温度环境时，便产生热电势；两接点温差越大，热电势越大。如果热电偶一个接点温度保持恒定（自由端），则产生的热电势完全决定于另一个接点的温度（工作端）；用毫伏计或数字式温度计测出热电偶的热电势，就可得到工作端的温度。

2. 压力测定烟气压力

静压是指单位体积气体所具有的势能。其测定值是相对于大气压而言的，比大气压力大时为正值，比大气压力小时为负值。

动压是指单位体积气体具有的动能，是气体流动的压力，为正值。

全压是指气体在管道中流动具有的总能量。全压 = 静压 + 动压，有正、负之分。所以，只要测出三项中任意两项，即可求出第三项。

测量烟气压力常用测压管和压力计。

（1）测压管。常用的测压管有标准皮托管和 S 形皮托管。

标准皮托管是一个弯成 90° 的双层同心圆管，前端呈半圆形，正前方有一开孔，与内管相通，用来测定全压。在距前端 6 倍直径处外管壁上开有一圈孔径为 1mm 的小孔，通至后端的侧出口，用于测定排气静压。按照上述尺寸制作的皮托管修正系数为 0.99 ± 0.01。标准型皮托管的测孔很小，当烟道内颗粒物浓度大时，易被堵塞。它适用于测量较清洁的排气。

S 形皮托管的构造是由两根相同的金属管并联组成。测量端有方向相反的两个开口，测定时，面向气流的开口测得的压力为全压，背向气流的开口测得的压力小于静压。制作尺寸与上述要求有差别的 S 形皮托管的修正系数需进行校正。其正、反方向的修正系数相差应不大于 0.01。S 形皮托管的测压孔开口较大，不易被颗粒物堵塞，且便于在厚壁烟道中使用。

（2）压力计。当 U 形管压力计没有与测压点连通前，U 形玻璃管内两侧的液面在零刻度线处相平。当 U 形管的一端与测压点连通后，U 形管内的液面会发生变化。若与测压点连通一侧的液面下降，说明测压点处的压力为正压；反之，则为负压。

根据液体静力学原理，利用液柱高度差来测量气体的压力。其结构是一个体积较大的盒状正压容器和一根细长的玻璃斜管负压容器相连。盒内盛液体，与正压相通。斜管的一端接负压，在外力的作用下，盒内液体流向斜管，由于盒内液体水平面积比斜管截面积大很多，因而盒内液面只要有微小的下降，则斜管液柱要上升很多。利用斜管这一放大原理，可以准确地测量气体的微小压力。

（3）压力测量方法

①用橡皮管将皮托管面向气流方向的接嘴连接到仪器主机面板上的"+"端，背向气流方向的接嘴连接到"–"端。

②在皮托管上标出各测点应插入采样孔的位置。

③将皮托管插入采样孔。使用 S 形皮托管时，应使开孔平面垂直于测量断面插入。

④在各测点上，使皮托管的全压测孔正对着气流方向，其偏差不得超过10°，测出各点的压力。

3. 含湿量的测定

与空气相比，烟气中的水蒸气往往含量较高，而且变化范围较大。为便于比较，监测方法规定以标准状态下的干烟气为基准表示烟气中有害物质的测定结果，以使各种测量状态下的测定结果具有可比性。

（1）重量法。从烟道采样点抽取一定体积的烟气，使之通过装有吸湿剂的吸收管，则排气中的水分被吸湿剂吸收，吸湿管的增量即是所采烟气的水分含量。

（2）干湿球法。使气体在一定的速度下流经干、湿球温度计。根据干、湿球温度计的读数和测点处排气的压力，计算出排气的水分含量。以体积百分数表示。

测量步骤是：检查湿球温度计的湿球表面纱布是否包好，然后将水注入盛水容器中；打开采样孔，清除孔中的积尘，将采样管插入烟道中心位置，封闭采样孔；当排气温度较低或水分含量较高时，采样管应保温或加热数分钟后，再开动抽气泵，以 15L/min 的流量抽气；当干、湿球温度计温度稳定后，记录干球和湿球温度；记录真空压力表的压力。

4. 烟尘浓度的测量

按等速采样原则从烟道中抽取一定体积的烟气，通过已知重量的滤筒，烟气中的尘粒被捕集。根据滤筒在采样前后的重量差和采气体积，计算出排气中烟尘排放浓度。

5. 烟气黑度的测定

烟气黑度是一种用视觉方法监测烟气中排放的有害物质情况的指标。尽管难以确定这一值与烟气中有害物质含量之间的精确对应关系，也不能取代污染物排放量和排放浓度的实际监测，但其测定方法简便易行、成本低廉，适合反应燃煤类烟气中有害物质排放的情况。测定烟气黑度的主要方法有格林曼黑度图法、测烟望远镜法、光电测烟仪法等。

6. 烟气组分测定

烟气组分分为主要气体组分和有害气体组分。

（1）样品采集。由于气态、蒸气态分子在烟道内分布均匀，采样不需要多点采样，烟道内任何一点的气样都具有代表性。采样时可取靠近烟道中心的一点作为采样点。

与大气相比，烟道气温度高、湿度大，烟尘及有害气体浓度大并具有腐蚀性。烟气采样装置需设置烟尘过滤器（在采样管头部安装阻挡尘粒的滤料）、保温和加热装置（防止烟气中的水分在采样管中冷凝，使待测污染物溶于水中产生误差）、除湿器。为防止腐蚀，采样管多采用不锈钢制作。

（2）烟气主要气体组分的测定。烟气中主要组分可采用奥氏气体吸收仪或其他仪器进行测定。

奥氏气体吸收法的基本原理是：采用不同的气体吸收液对烟气中的不同组分进行吸收，根据吸收前后烟气体积的变化，计算待测组分的含量。

（3）微量有害气体组分的测定。对含量较低的有害气体组分，其测定方法原理大多与空气中有害气体组分相同。

二、流动污染源监测

汽车、火车、飞机、轮船等流动污染源排放的废气主要是燃烧后排出的尾气。废气主要含有烟尘（碳烟）、一氧化碳、氮氧化物、碳氢化合物（HC）和二氧化碳、醛类、二氧化硫等有害物质。

特别是汽车，数量多，排放量大，是造成环境空气污染的主要流动污染源。汽车排气是石油体系燃料在内燃机内燃烧后的产物，含有 NO_x、碳氢化合物、CO 等有害组分，是污染大气环境的主要流动污染源。

（一）污染物来源及排放量

污染物主要来自排气污染、窜缸混合气、汽油蒸发。污染物排放量如下：

（1）当汽车处于怠速工况时，CO、HC 排放量较多。

（2）HC 排放量随发动机转速的升高很快下降；当转速增加时 CO 很快降低，至中速后变化不大；NO_x 的排放量有所增加。

（3）加速时，会产生大量的 NO_x、CO、HC 的排放量增加。

（4）减速时，CO、HC 生成量增加，但几乎无 NO_x 排放。

（二）汽车尾气的采样

汽车尾气的采样一般分高浓度采样和低浓度采样两种情况：低浓度采样是指

尾气排放经大气扩散后采样分析，这种采样分析受环境条件影响大，结果稳定性差，且时间性强；高浓度采样是指发生源在高浓度状况的采样。目前，常在汽车怠速状态，高浓度采样监测尾气中的 CO 和 HC。

（三）汽车怠速排气中 CO、HC 的测定

怠速指汽车发动机在无负载运转状态下，以最低供油量进行运转的工况。当汽车处于怠速工况时，汽车发动机运转而汽车是静止的。

汽车怠速时的状态是：发动机旋转；离合器处于接合位置；油门（脚踏板和手油门）位于松开位置；安装机械式或半自动式变速器时，变速杆应位于空挡位置；当安装自动变速器时，选择器应在停车或空挡位置；阻风门全开。

对于污染气体测定，目前可采用非色散红外气体分析仪进行测定。测定时，先将汽车发动机由怠速加速至中等转速，维持 30s 以上；再降至怠速状态，将取样探头插入排气管中（深度不少于 300mm）测定；维持 10s 后，在 30s 内读取最大指示值和最低值。如果为多个排气管，应取各排气管测定值的算术平均值。

（四）汽车尾气中 NO_x 的测定

在汽车尾气排气管处用取样管将废气引出（用采样泵），经冰浴（冷凝除水）、玻璃棉过滤器（除油污、烟尘），抽取到 100mL 注射器中；然后将抽取的气样经氧化管注入冰乙酸—对氨基苯磺酸—盐酸萘乙二胺吸收显色液，显色后用分光光度法测定，测定方法同空气中 NO_x 的测定。

（五）柴油车排气烟度的测定

尾气中的烟尘（碳烟）是机动车燃料不完全燃烧的产物。碳烟组分复杂，但主要是碳的聚合体，还有少量氧、氢、灰分和多环芳烃化合物等。由于燃料混合和燃烧机理不同，汽油机产生的碳烟比柴油机少。

烟度是使一定体积排气透过一定面积的滤纸后，滤纸被染黑的程度。烟度常用滤纸烟度法测定，烟度值单位用波许表示。

1. 测定原理

用一台活塞式抽气泵在规定的时间内从柴油机排气管中抽取定量容积的排气气体，使它通过一张一定面积的白色滤纸，则排气中的炭粒被阻留附着在滤纸

上，使滤纸染黑，其烟度与滤纸被染黑的强度有关。用光电测量装置测量洁白滤纸和染黑滤纸对同强度入射光的反射光强度。

2. 滤纸式烟度计

滤纸式烟度计工作原理是：滤纸式烟度计由取样探头、抽气装置及光电检测系统组成。当抽气泵活塞受脚踏开关的控制而上行时，排气管中的排气依次通过取样探头、取样软管及一定面积的滤纸被抽入抽气泵，排气中的黑烟被阻留在滤纸上，然后用步进电机将已抽取黑烟的滤纸送到光电检测系统测量，由指示电表直接指示烟度值。在一定时间间隔内测量 3 次，取其平均值。

烟度计的光检测系统原理是：采集排气后的滤纸经光源照射，其中一部分被滤纸上的炭粒吸收，另一部分被滤纸反射至环形硒光电池，产生相应的光电流，送入测量仪表测量。指示电表刻度盘上已按烟度单位标明刻度。

第八章　现代环境监测技术

第一节　连续自动监测系统

一、连续自动监测系统组成

自动连续监测系统一般是指由若干个固定子站和一个中心站组成的空气或水质连续自动监测系统。

其中，各子站内设有自动测定各种污染物的监测传感器（仪器仪表）、专用微处理机及通信系统等。其任务为：在无人值守情况下，监测仪器自动连续对污染物进行采样检测，专用微处理机对各台仪器检测出的污染物质、气象和水文参数测量值进行存储、显示、报警和输出。子站与中心站之间的信息和数据由无线或有线收发传输系统完成。

中心站是环境自动连续监测系统的指挥中心，也是信息数据处理中心，站内设有计算机及其相应外围设备、通信设备等，执行对各子站的状态信息及监测数据的收集、运算、显示、存储以及向各子站发送过控指令等功能，并向环境保护行政主管部门报告环境质量状况，同时向社会发布环境质量信息。

二、大气污染连续自动监测系统

大气污染连续自动监测系统的任务是：对空气中的污染物进行连续自动的监测，获得连续瞬时大气污染信息，提供大气污染物的时间—浓度变化曲线、各类平均值与频数分配统计资料，为掌握大气污染特征及变化趋势、分析气象因素与大气污染的关系、评价环境大气质量提供基础数据。同时，通过连续瞬时监测，还可以掌握大气污染事故发生时大气污染状况气象条件，为分析污染事故提供第一手资料，并为验证大气污染物扩散模式、管理大气环境质量提供依据。

（一）大气污染连续自动监测系统的组成

大气污染连续自动监测系统由一个中心站、若干个子站和信息传输系统组成。

中心站设有功能齐全的计算机系统和通信系统，其主要任务是：向各子站发送各种工作指令；管理子站的工作；定时收集各子站的监测数据并进行处理；打印各种报表，绘制各种图形。同时，为满足检索和调用数据的需要，还能将各种数据存储在磁盘上，建立数据库。当发现污染物浓度超标时，立即发出遥控指令，比如指令排放污染物的单位减少排放时，通知居民引起警惕，或者采取必要的措施等。

子站按其任务不同可分为两种：一种是为评价地区整体的大气污染状况设置的，装备有大气污染连续自动监测仪（包括校准仪器）、气象参数测量仪和环境微机；另一种是为掌握污染源排放污染物浓度等参数变化情况而设置的，装备有烟气污染组分监测仪和气象数测量仪。

环境微机及时采集大气污染监测仪等仪器的测量数据，将其进行处理和存贮，并通过有线（如电话线）或无线（电台发射、GSM 通信设备等）信息传输系统传输到中心站，或记入子站磁带机，或由打印机打印。

（二）监测项目及监测方法

各国大气污染自动监测系统的监测项目基本相同，有二氧化硫、氮氧化物、一氧化碳、总悬浮颗粒物或飘尘、臭氧、硫化氢、总碳氢化合物、甲烷、非甲烷及气象参数等。

自动监测系统需满足实时监控的数据采集要求：连续采样，实验室监测分析方法对长期、短期浓度统计的数据有效性的规定。被动式吸收监测方式可根据被监测区域的具体情况，采取每周、每月或数月一次的频次。

三、水质连续自动监测系统

水质在线自动监测系统是一套以在线自动分析仪器为核心，运用现代传感器技术、自动测量技术、自动控制技术、计算机应用技术以及相关的专用分析软件和通信网络所组成的一个综合性的在线自动监测体系。

一套完整的水质自动监测系统能连续、及时、准确地监测目标水域的水质及其变化状况。中心控制室可随时取得各子站的实时监测数据，统计、处理监测数据；可打印输出日、周、月、季、年平均数据以及日、周、月、季、年最大值、最小值等各种监测、统计报告及图表（棒状图、曲线图、多轨迹图、对比图等），并可输入中心数据库或上网；收集并可长期存储指定的监测数据及各种运行资料、环境资料备检索。系统具有：监测项目超标及子站状态信号显示、报警功能，自动运行、停电保护、来电自动恢复功能；维护检修状态测试，便于例行维修和应急故障处理等功能。

实施水质自动监测，可以实现水质的实时连续监测和远程监控，达到及时掌握主要流域重点断面水体的水质状况、预警预报重大或流域性水质污染事故、解决跨行政区域的水污染事故纠纷、监督总量控制制度落实情况、排放达标情况等目的。

（一）水质连续自动监测系统的组成

与大气污染连续自动监测系统类似，水质连续自动监测系统也由一个监测中心站、若干个固定监测站（子站）和信息数据传递系统组成。中心站的任务与大气污染连续自动监测系统相同。

各子站装备有采水设备、水质污染监测仪器及附属设备，水文、气象参数测量仪器，微型计算机及通信设备。其任务是：对设定水质参数进行连续或间断自动监测，并将测得的数据做必要处理；接受中心站的指令；将监测数据做短期储存，并按中心站的调令，通过通信设备传递系统给中心站。

（二）监测项目及监测方法

目前，水质监测比较成熟的常规监测项目有水温、pH、溶解氧（DO）、电导率、浊度、氧化还原电位（ORP）、流速和水位等。常用的监测项目有COD、高锰酸盐指数、TOC、氨氮、总氮、总磷。其他还有氟化物、氯化物、硝酸盐、亚硝酸盐、氰化物、硫酸盐、磷酸盐、活性氯、TOD、BOD、紫外吸收（UV）、油类、酚、叶绿素、金属离子（如六价铬）等。

（三）常用监测仪器

水质自动监测仪器仍在发展之中，欧、美、日本、澳大利亚等有一些专业厂商生产。目前的自动分析仪一般具有如下功能：自动量程转换、遥控、标准输出接口和数字显示，自动清洗（在清洗时具有数据锁定功能）、状态自检和报警功能（如液体泄漏、管路堵塞、超出量程、仪器内部温度过高、试剂用尽、高/低浓度、断电等），干运转和断电保护，来电自动恢复，COD、氨氮、TOC、总磷、总氮等仪器具有自动标定校正功能。

1. 常规五参数分析仪

常规五参数分析仪采用流通式多传感器测量池结构，无零点漂移，无须基线校正，具有一体化生物清洗及压缩空气清洗装置。

2. 化学需氧量（COD）分析仪

COD在线自动分析仪的主要技术原理有六种：光度测量法；重铬酸钾消解—库仑滴定法；重铬酸钾消解氧化还原滴定法；UV计法（254nm）；氢氧基及臭氧（混合氧化剂）氧化—电化学测量法；臭氧氧化电化学测量法。这些技术方法各有优缺点，采用电化学原理或UV计的COD自动监测仪一般比采用消解—氧化还原滴定法、消解—光度法的仪器结构简单，操作方便，运行可靠。但由于对COD有贡献的有机污染物种类繁多，且不同种类有机物的紫外吸光系数各不相同，所以UV计只能作为特定方法用于特定的污染源监测。

3. 高锰酸盐指数在线自动分析仪

高锰酸盐指数在线自动分析仪的主要技术原理有三种：高锰酸盐氧化化学测量法；高锰酸盐氧化电流/电位滴定法；UV计法（与在线COD仪类似）。从分析性能上讲，目前的高锰酸盐指数在线自动分析仪已能满足地表水在线自动监测的需要。

4. BOD测定仪

微生物膜电极BOD测定仪由测量池（装有微生物膜电极、鼓气管及被测水样）、恒温水浴、恒电压源、控温器、鼓气泵及信号转换和测量系统组成。恒定电压源输出 0.72V 电压，加于 Ag-AgCl 电极（正极）和黄金电极（负极）上。黄金电极因被测溶液 BOD 物质浓度不同产生的极化电流变化送至阻抗转换和微电流放大电路，经放大的微电流再送至 I/V 和 A/D 转换电路，或 I/V 和 V/F 转换电路，转换后的信号进行数字显示或由记录仪记录。仪器用标准 BOD 物质溶液校准后，可直接显示被测溶液的 BOD 值，并在 20min 内完成一个水样的测定。该仪器适用于多种易降解废水的 BOD 监测。

5. 总需氧量（TOD）测定仪

TOD 自动监测仪将含有一定浓度氧的惰性气体连续通过燃烧反应室，当将水样间歇或连续地定量打入反应室时，在 900℃和铂催化剂的作用下，水样中的有机物和其他还原物质瞬间完全氧化，消耗了载气中的氧，导致载气中氧浓度的降低，其降低量用氧化锆氧量检测器测定。当用已知 TOD 的标准溶液校正仪器后，便可直接显示水样的 TOD 值。氧化锆氧量检测器是一种高温固体电解质浓差电池，其参比半电池由多孔铂电极和已知含氧量的参比气体组成；测量半电池由多孔铂电极和被测气体组成，中间用氧化锆固体电解质连接，则在高温条件下构成浓差电池，其电动势取决于待测气体的氧浓度。所需载气用纯氮气通过置于恒温室中的渗氧装置（用硅酮橡胶管从空气中渗透氧于载气流中）获得。

6. 总有机碳（TOC）分析仪

TOC 分析仪，是将水溶液中的总有机碳氧化为二氧化碳，并且测定其含量。利用二氧化碳与总有机碳之间碳含量的对应关系，从而对水溶液中总有机碳进行定量测定。仪器按工作原理不同，可分为燃烧氧化非分散红外吸收法、电导法、气相色谱法等。其中，燃烧氧化非分散红外吸收法只需一次性转化，流程简单、重现性好、灵敏度高，因此这种 TOC 分析仪广为国内外所采用。

TOC 分析仪主要由以下六个部分构成：进样口、无机碳反应器、有机碳氧化反应器（或是总碳氧化反应器）、气液分离器、非分光红外 CO_2 分析器、数据处理部分。

第二节　环境遥感监测技术

一、环境遥感监测技术概念

遥感是用飞行器或人造卫星上装载的传感器来收集地球表面地物空间分布信息的高科技手段。它具有快速、可重复对同一地区获取时间序列信息的特点。遥感监测的实质是测量地物对太阳辐射能的反射光谱信息或地物自身的辐射电磁波波谱信息。每一地物反射和辐射的电磁波波长及能量都与其本身的固有特性及状态参数密切相关。装载于遥感平台上的照相机或扫描式光电传感器获取的地物数字图像，含有丰富的反映地物性质与状态的不同电磁波谱能量，从中可提取辐射不同波长的地物信息，进行统计分析和地物模式识别。

环境遥感监测技术是通过收集环境的电磁波信息对远距离的环境目标进行监测识别环境质量状况的信息。根据所利用的电磁波工作波段，遥感监测技术可划分为可见光波段遥感、反射红外遥感、热红外遥感、微波遥感等类型。常用的遥感监测仪器（传感器）有多波段照相机、电视摄像机、多波段光谱扫描仪（MSS）、电荷耦合器（CCD）、红外光谱仪、成像光谱仪等。

遥感的应用已深入农业、林业、渔业、地理、地质、海洋、水文、气象、环境监测、地球资源勘探、城乡规划、土地管理和军事侦察等诸多领域。目前，遥感用于环境监测的主要目标是大气和水的污染监测。

二、大气污染遥感监测

影响大气环境质量的主要因素是气溶胶含量和各种有害气体。这些指标通常不可能用遥感手段直接识别。水汽、二氧化碳、臭氧、甲烷等微量气体成分具有各自分子所固有的辐射和吸收光谱，所以实际上是通过测量大气的散射、吸收及辐射的光谱而从其结果中推算出来的。通过对穿过大气层的太阳（月亮、星星）

的直射光、来自大气和云的散射光、来自地表的反射光，以及来自大气和地表的热辐射进行吸收光谱分析或发射光谱分析，从而测量它们的光谱特性来求出大气气体分子的密度。测量中所利用的电磁波的光谱范围很宽，从紫外、可见、红外等光学领域一直扩展到微波、毫米波等无线电波的领域。大气遥感器分为主动式和被动式，主动方式中有代表性的遥感器是激光雷达，被动式遥感器有微波辐射计、热红外扫描仪等。

（一）臭氧层监测

由于臭氧对 0.3μm 以下的紫外区的电磁波吸收严重，因此可以用紫外波段来测定臭氧层的臭氧含量变化。在 2.74mm 处有个吸收带，可以用频率为 11083MHz 的地面微波辐射计或用射电望远镜来测定臭氧在大气中的垂直分布。又由于大气中臭氧含量高则温度高，又可以用红外波段来探测。

（二）大气气溶胶监测

气溶胶是指悬浮在大气中的各种液态或固态微粒，通常把大气中的烟、雾、尘等归属于气溶胶。大气中的这些物质一般由火山爆发、森林或草场火灾、工业废气等产生，可以用可调谐激光系统作为主动探测，也可用多通道辐射计探测，因为绝大部分空气污染分子的光谱都在 2 ~ 20pm 的红外波段，这些光谱可用作吸收或辐射测量。测定气溶胶含量可采用多通道粒子计数器，它能反映出大气中气溶胶的水平分布和垂直分布。在遥感图像上可直接确定污染物的位置和范围，并根据它们的运动、发展规律进行预测、预报。由这些污染物在低空形成飘浮的尘埃，可通过探测植物的受害程度来间接分析。

（三）有害气体的监测

人为或自然条件下产生的 SO_2、氟化物等对生物肌体有毒害的气体，通常采用间接解译标志进行监测植被受污染后对红外线的反射能力下降，其颜色、纹理及动态标志都不同于正常的植被，比如在彩红外图像上颜色发暗，树木郁闭度下降，植被个体物候异常，等等，利用这些特点就可以间接分析污染情况。

（四）城市热岛效应的监测

城市热岛效应是由于城市人口密集、产业集中，形成市区温度高于郊区的小气候现象。它是一种大气热污染现象。传统采用流动观测（气球、飞机）和定点观测（气象台站、雷达）相结合的方法进行监测。但这些方法耗资大，观测范围有限，受各种因素的影响大，具有较大的局限性。遥感技术的发展为这一研究注入了活力。红外遥感图像能反映地物辐射温度的差异，可为研究城市热岛提供依据。根据不同时期的遥感资料，还可研究城市热岛的日变化和年变化规律。遥感卫星的使用，实现了定性到定量、静态到动态，大范围同步监测的转变，已经深入可分析提取"热岛"内部热信息的差异。

三、水污染遥感监测

对水体的遥感监测是以污染水与清洁水的反射光谱特征研究为基础的。总的来看，清洁水体反射率比较低，水体对光有较强的吸收性能，而较强的分子散射性仅存在于光谱区较短的谱段上。故而，在一般遥感影像上，水体表现为暗色色调，在红外谱段上尤其明显。为了进行水质监测，可以采用以水体光谱特性和水色为指标的遥感技术。遥感监测视野开阔，对大范围里发生的水体扩散过程容易通览全貌，观察出污染物的排放源、扩散方向、影响范围及与清洁水混合稀释的特点，从而查明污染物的来龙去脉，为科学布设地面水样监测提供依据。在江、河、湖、海各种水体中，污染物种类繁多。为了便于遥感方法研究各种水污染，习惯上将其分为泥沙污染、石油污染、废水污染、热污染和水体富营养化五种类型。

（一）水体浑浊度分析

水中悬浮物微粒会对入射进水里的光发生散射和反射，增大水体的反射率。浑浊度不同的水体其光谱衰减特性也不同。随着水的浑浊度即悬浮物质数量的增加，衰减系数增大，最容易透过的波段从 $0.50\mu m$ 附近向红色区移动。随着浑浊水泥沙浓度的增大和悬浮沙粒径的增大，水的反射率逐渐增高，其峰值逐渐从蓝光移向绿光和黄绿光。所以，定量监测悬浮沙粒浓度的最佳波段为 $0.65 \sim 0.8\mu m$ 之间。此外，若采用蓝光波段反射率和绿光波段反射率的比值，则可以判别两种水体浑浊度的大小。

（二）石油污染监测

海上或港口的石油污染是一种常见的水体污染。遥感调查石油污染，不仅能发现已知污染区的范围和估算污染石油的含量，而且可追踪污染源。石油与海水在光谱特性上存在许多差别，比如油膜表面致密、平滑，反射率较水体高，但发射率远低于水体等，因此在若干光谱段都能将二者分开。此外，根据油膜与海水在微波波段的发射率差异，还可利用微波辐射法测量二者亮度温度的差别，从而显示出海面油污染分布的情况。如前面所述，成像雷达技术也是探测海洋石油污染的有力工具。

（三）城市污水监测

城市大量排放的工业废水和生活污水中带有大量有机物，它们分解时耗去大量氧气，使污水发黑发臭；当有机物严重污染时呈漆黑色，使水体的反射率显著降低，在黑白相片上呈灰黑或黑色色调的条带。使用红外传感器，能根据水中含有的染料、氢氧化合物、酸类等物质的红外辐射光谱弄清楚水污染的状况。水体污染状况在彩色红外相片上有很好的显示，不仅可以直接观察到污染物运移的情况，而且凭借水中泥沙悬浮物和浮游植物作为判读指示物，可追踪出污染源。

（四）水体热污染调查

使用红外传感器，能根据热效应的差异有效地探测出热污染排放源。热红外扫描图像主要反映目标的热辐射信息，无论白天、黑夜，在热红外相片上排热水口的位置、排放热水的分布范围和扩散状态都十分明显，水温的差异在相片上也能识别出来。利用光学技术或计算机对热图像做密度分割，根据少量同步实测水温，可正确地绘出水体的等温线。因此，热红外图像能基本上反映热污染区温度的特征，达到定量解译的目的。

（五）水体富营养化调查

水体里浮游植物大量繁生是水质富营养化的显著标志。由于浮游植物体内含的叶绿素对可见和近红外光具有特殊的"陡坡效应"，使那些浮游植物含量大的水体兼有水体和植物的反射光谱特征。随浮游植物含量的增高，其光谱曲线与绿色植物的反射光谱越近似。因此，为了调查水体中悬浮物质的数量及叶绿素含量，最好采用 0.45 ~ 0.65μm 附近的光谱线段。在可见光波段，反射率较低；在近红外波段，反射率明显升高。因此，在彩色红外图像上，富营养化水体呈红褐色或紫红色。

第三节　便携式现场监测仪

一、气体便携式现场监测仪

（一）便携式烟气 SO_2 分析仪

便携式烟气二氧化硫分析仪采用点位电解法进行测定，它主要由气路系统和电路系统两部分组成。气路系统完成烟气的采样、处理、传输等功能；电路系统完成气电转换、信号放大、数据处理、数据的显示打印和仪器的工作状态控制等功能。测定时，烟气通过过滤器去除粗尘后进入气水分离器，使水分和细烟尘与烟气分离，干烟气经过薄膜泵进入传感器室产生电化学反应，使传感器输出微安级的电流信号。

（二）便携式气相色谱仪

气相色谱是对气体物质或可以在一定温度下转化为气体的物质进行检测分析。由于物质的物性不同，其试样中各组分在气相和固定相的分配系数不同；当汽化后的试样被载气带入色谱柱中运行时，组分就在其中的两相间进行反复多次分配。由于固定相对各组分的吸附或溶解能力不同，虽然载气流速相同，但各组分在色谱柱中的运行速度不同。经过一定时间的流动后，各组分便彼此分离，按顺序离开色谱柱进入检测器，产生的信号经放大后，在记录器上描绘出各组分的色谱峰。根据出峰位置，确定组分的名称；根据峰面积，确定浓度大小。

这类仪器主要使用 PID 和 FID 检测器，可以测定苯系物、醛类、酮类、胺类、有机磷、有机氯等化合物以及一些有机金属化合物，还可检测 H_2S、Cl_2、NH_3、NO 等无机化合物。

（三）便携式红外线气体分析仪

红外线分析仪属于不分光式红外仪器，其工作原理是基于某些气体对红外线的选择性吸收，该类仪器在国内外有着广泛的应用领域和众多的用户。其主要应用于农林科学研究领域对植物的光合作用，也可用于卫生防疫部门对宾馆、商店、影剧院、舞厅、医院、车厢、船舱等公共场所中的 CO_2 浓度的测定。另外，根据需要，该原理的仪器还可以用于测量 CO、CH_4 等气体浓度。

二、水质便携式现场监测仪

（一）BOD 和 COD 测定仪

便携式 BOD 测定仪分为快速测定仪和红外遥控测定仪，两种方法均采用压力探头感测法，自动温度监控，仪器自动启动并开始全封闭自动测定，无须中间环节人工操作以及稀释样品。依据不同的取样量，可测定 0 ~ 4000mg/L 之间不同量程的 BOD 值，所带红外数据存储器每 24h 自动记录存储 BOD 值，可了解水样中 BOD 的变化情况。

便携式 COD 测定仪采用比色法，自动调零校正，取样量小，可测定 0 ~ 15000mg/L 之间超高量程、高量程、低量程以及超低量程四种不同量程的 COD 值。在测量时，将 2mL 水样加入 COD 试管中，再将试管插入消解炉中 146℃加热 2h 后，直接插入仪器进行比色测定，即可显示 COD 结果（mg/L）。

（二）多功能水质分析仪

与其他分析方法相比，分光光度法具有仪器相对简单、便宜、轻便、应用广泛、耗时短、样品前处理简单等优点，使其特别适用于现场、脱离实验室的快速检测。仪器采用比色或分光法，在 300 ~ 900nm 之间设定不同的测量波长，并将常用方法和校准曲线预先进行程序化，可提供几百个水质分析方法及标准曲线；仪器还可储存几千组数据。仪器还可自动设定波长，进行试剂空白校正，校正曲线还可以用标准参数再校正。测试内容一般包括氰化物、氨氮、酚类、苯胺类、砷、汞、六价铬及钡等毒性强的项目。

参考文献

[1] 王菊香，王珍，王雪玲．卫生理化检验 [M]．武汉：武汉大学出版社，2019.

[2] 段春燕，司毅．卫生理化检验 [M]．北京：中国医药科技出版社，2019.

[3] 马永林．卫生学与卫生理化检验技术 [M]．北京：人民卫生出版社，2017.

[4] 熊金成，陈跃龙．卫生理化检验技术学习指导 [M]．北京／西安：世界图书出版公司，2016.

[5] 牛华锋．理化检验技术 [M]．北京：化学工业出版社，2015.

[6] 黎源倩．中华医学百科全书　卫生检验学 [M]．北京：中国协和医科大学出版社，2017.

[7] 姜晓坤，王喜萍．食品理化检验技术 [M]．长春：吉林人民出版社，2017.

[8] 林婵．食品理化检验技术 [M]．北京：九州出版社，2019.

[9] 马少华．食品理化检验技术 [M]．杭州：浙江大学出版社，2019.

[10] 李理，梁红．环境监测 [M]．武汉：武汉理工大学出版社，2018.

[11] 曲磊．环境监测 [M]．北京：中央民族大学出版社，2018.

[12] 刘雪梅，罗晓．环境监测 [M]．成都：电子科技大学出版社，2017.

[13] 王卫红．大气和废气监测 [M]．北京：中国劳动社会保障出版社，2016.

[14] 陈玉玲，王国庆．大气监测 [M]．郑州：黄河水利出版社，2020.

[15] 隋鲁智，吴庆东，郝文．环境监测技术与实践应用研究 [M]．北京：北京工业大学出版社，2018.